LAS GRAMÍNEAS
BIOLOGÍA Y DIVERSIDAD

Juan Antonio Devesa Alcaraz
Gloria Martínez Sagarra
&
Carlos Romero Zarco

UCOPress
Editorial Universidad de Córdoba

Las Gramíneas. Biología y diversidad.- Córdoba: UCOPress. Editorial Universidad de Córdoba 2022
17 x 24 cms., 168 pp. il. color
THEMA: PST
Autores: Juan Antonio Devesa Alcaraz, Gloria Martínez Sagarra y Carlos Romero Zarco

LAS GRAMÍNEAS. BIOLOGÍA Y DIVERSIDAD
Juan Antonio Devesa Alcaraz, Gloria Martínez Sagarra y Carlos Romero Zarco

Campus de Rabanales. Ctra. Nacional IV, km. 396. 14071 Córdoba
Tlf. 957 212 165
http://www.uco.es/ucopress • ucopress@uco.es

Iconografía de caracteres:
Dibujos de las figuras 19, 30-33 y 36 reproducidos de la obra *Flora iberica* (Devesa & al., 2020; Romero-Zarco & al., 2021), con permiso.

Cortes anatómicos y microfotografías de epidermis:
Gloria Martínez Sagarra

Fotografías:
Juan Antonio Devesa Alcaraz (JA; Universidad de Córdoba)
Gloria Martínez Sagarra (GM; Universidad de Córdoba)
Francisco Javier Valtueña Sánchez (FV; Universidad de Extremadura)
Carlos Aedo Pérez (CA; Real Jardín Botánico de Madrid)
Itziar Arnelas Seco (IA; Universidad Técnica Particular de Loja, Ecuador)
José S. Carrión (JC; Universidad de Murcia)
Yul Altolaguirre (YA; Senckenberg Research Institute, Universidad de Frankfurt)
Enrique Peñalver (EP; IGME, Museo Geominero, Instituto Geológico y Minero de España, Madrid)

Foto de la portada: Lygeum spartum Loefl. ex L.

ISBN: 978-84-9927-669-4
DL: CO 72-2022

Impresión: Imprenta Tecé, S.C.A.
Tel: 957 297188

Impreso en papel ecológico

Impreso en España

Dedicado a la memoria del profesor
Salvador Talavera Lozano, extraordinario amigo
y gran maestro

ÍNDICE

Prólogo

Quienes nos dedicamos a la docencia y la investigación en botánica somos testigos muchas veces de la reticencia que hay para abordar, cuando menos, la identificación de las plantas de esta peculiar familia, cuyas características morfológicas y reproductoras son singulares y, ciertamente, requieren de algunos conocimientos sobre su particular diseño, que responde esencialmente a una polinización anemófila. Su piezas florales, simplificadas y totalmente diferentes de las flores de las angiospermas zoidiófilas, requieren de una familiarización previa para facilitar su comprensión e identificación, y este es el objetivo que subyace en la presente obra.

De las gramíneas existen muchos manuales valiosos que permiten iniciarse en su conocimiento, entre ellos los de Hubbard (1968), Klapp (1983) y Chapman & Peat (1992), los dos últimos traducidos al castellano. A ellos se suma ahora modestamente el presente, cuyo objetivo es también difundir las características básicas de esta familia, con altísimo interés botánico y económico, y en el que muchos de los ejemplos mencionados aquí lo son de material silvestre de la Península Ibérica, que es el ámbito en el que trabajan los autores de la obra.

El libro contempla aspectos básicos sobre esta familia, acerca de su origen, evolución y diversificación, sobre sus características morfo-anatómicas y reproductoras más importantes, datos sobre los principales géneros con especies de interés económico y también una aproximación a su diversidad en la flora de la Península Ibérica. Pretendemos que sea una obra de iniciación para el conocimiento de la familia, de interés para botánicos, agrónomos y naturalistas, entre otros profesionales, en la que se ha procurado una lectura sencilla, pero con abundante información técnica, lo que requiere de algunos conocimientos previos sobre la biología de las plantas.

Los autores

Córdoba 15 de marzo de 2021

I. Introducción

Las gramíneas (figs. 1-3), técnicamente Gramineae[1] o Poaceae[2], conforman una de las familias de plantas con flor más importantes, pues comprende unas 11.506 especies que se reúnen en 768 géneros[3], una diversidad que solo superan las familias de las compuestas, orquídeas y leguminosas. Su importancia desde el punto de vista económico es muy grande, ya que pertenecen a ella las plantas cultivadas más importantes desde los inicios de las civilizaciones humanas y de las que dependemos para nuestro sustento alimenticio, entre ellas diversos tipos de trigo (*Triticum* spp.), avenas (*Avena* spp.), arroces (*Oryza* spp.), el maíz (*Zea mays*) y las cebadas (*Hordeum* spp.). Además, de ellas depende también la cabaña ganadera y los herbívoros en general, dado el alto valor forrajero de muchas de sus especies, pertenecientes a géneros como *Lolium*, *Festuca, Dactylis* y *Poa*, entre otros. Y todo ello sin menoscabo del interés que muchas de sus especies poseen desde el punto de vista ornamental, en la formación de céspedes artificiales, como material para construcción, etc[4]. No es de extrañar pues, la enorme atención que ha recibido la familia[5], no solo por parte de botánicos sino también de mal herbólogos, genéticos y agronómos de muy diversa índole y, sin embargo, al ser plantas por lo general de muy difícil identificación, a menudo no gozan de mucho predicamento entre los botánicos no agrostólogos, y mucho menos entre los estudiantes universitarios que se inician en el conocimiento de las plantas. Sin duda, en el fondo de este "rechazo" está la escasa vistosidad de sus flores (que no de sus inflorescencias), pues presentan aquí una simplificación y particularidades que las hacen pasar desapercibidas a la mayor parte de los observadores y que obedecen, en su mayor parte, a las adaptaciones que presentan para facilitar su polinización por el viento.

En las próximas páginas se revisarán las principales características de la familia y de sus integrantes, y se comentarán también algunas de sus muchas singularidades, en lo que se pretende sea una *guía práctica* en la que encontrar la información básica para familiarizarse con ellos. Precisamente, por tratar de que sea útil, se incluyen en esta obra gran cantidad de dibujos explicativos y fotos de algunas de sus especies, en

---

1 Gramineae Juss., Gen. Pl.: 28. 4 (1789)

2 Poaceae Barnhart in Bull. Torrey Bot. Club 22: 7 (1895)

3 Soreng *et al.* (2017)

4 Oakes (1990)

5 Hilu (2007)

Fig. 1.- Hábito de *Hordeum geniculatum*, hierba anual. Foto: JA.

su mayoría de taxones con representación en la Península Ibérica, lo que no afecta a la validez general de los caracteres descritos.

Fig. 2.- Hábito de *Stipa tenacissima*, hierba perenne. Foto: JA.

Fig. 3.- Hábito de *Arundo donax*, hierba perenne con tallos lignificados (cañas). Foto: JA.

II. ENCUADRE SISTEMÁTICO Y ORIGEN DE LA FAMILIA

Las gramíneas se incluyen dentro de las monocotiledóneas (fig. 4), un grupo de vegetales altamente heterogéneo[6] y que reúne desde plantas acuáticas (p.ej., *Hydrocharitaceae*, *Potamogetonaceae*) a plantas terrestres capaces de vivir en condiciones extremas de abastecimiento de agua (*Arecaceae*) o de temperatura (algunas *Juncaceae*, en la tundra), y en el que no faltan familias con representantes lianoides (p.ej., en nuestras latitudes la liliácea *Smilax aspera* y la dioscorácea *Tamus communis*) y otras en las que las flores y las inflorescencias presentan notables adaptaciones encaminadas a asegurar la reproducción como sucede, por ejemplo, en las orquídeas (*Orchidaceae*) y las aráceas (*Araceae*). Todas las monocotiledóneas presentan una característica en común clara, como es que en el estado de plántula solo se desarrolla un cotiledón[7], aunque como más adelante se verá, muy transformado en el caso de las gramíneas.

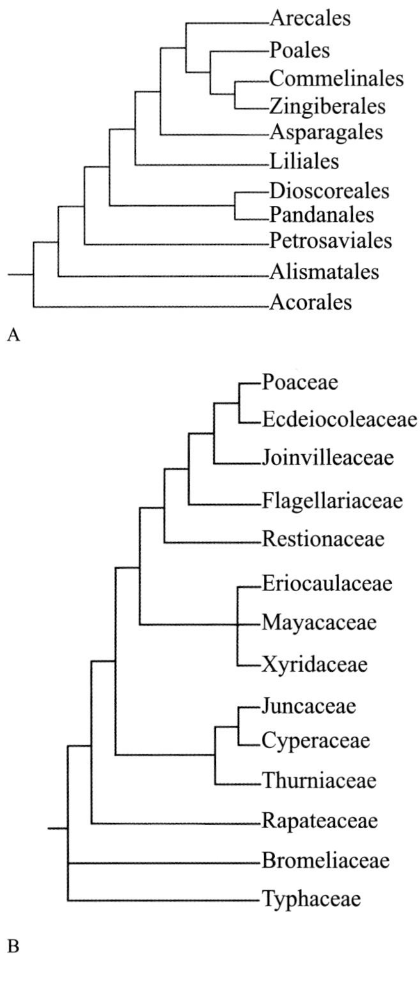

Fig. 4.- A, clado de las monocotiledóneas (según APG IV, 2016); B, clado de las familias del orden Poales (según Soltis *et al.*, 2018).

De las gramíneas, que aparecen en todos los continentes y en todo tipo de hábitats[8], se conocen abundantes restos fósiles del Terciario medio (del Mioceno inferior, hace aproximadamente unos 25 millones

6 Goldberg (1989)
7 Coulter (1915)
8 Bremer (2002)

Fig. 5.- Algunos restos fósiles de gramíneas. A, espiguillas, Mioceno inferior (Mina de la Rinconada, Ribesalbes. Foto: EP); B, grano de polen, Pleistoceno inferior (yacimiento paleolacustre de Palominas, cerca de Orce, Granada. Foto: YA); C, grano de polen, 5000 a.C. (yacimiento de Siles, Jaén; unidades en µm. Foto: JC).

de años)[9] a través de microfósiles –pólenes, cistolitos silíceos, etc.– o de vestigios de mayor envergadura, como restos e impresiones de hojas o inflorescencias (fig. 5), aunque su origen hay que llevarlo tal vez al Paleoceno-Eoceno (hace unos 55 Ma) o incluso al Cretácico superior (~70-60 Ma; hasta ~75 Ma según Bremer[10]) de acuerdo con algunos restos fósiles de espiguillas y polen[11]. El reciente descubrimiento de tejidos de plantas silicificados (fitolitos) asignables a gramíneas –aunque de incierta afinidad taxonómica– en coprolitos de dinosaurios datados del Maastrichtiense (67-65 Ma) apoya un origen temprano de la familia y su pronta diversificación a finales del Cretácico en Gondwana[12], e

9 Thomasson (1978, 1985 & 1987), Retallack *et al.* (1990), Taylor *et al.* (2009)
10 Bremer (2002)
11 Crepet & Feldmann (1991), Linder (1987), Kellogg (2001), Vicentini *et al.* (2008)
12 Prasad *et al.* (2005 & 2011), Bouchenak-Khelladi *et al.* (2010)

incluso podría llevarse aún más atrás de acuerdo con la datación que ofrecen los relojes moleculares calibrados. En cualquier caso, su distribución posterior y la diversificación de las especies estuvieron influenciadas por la diferenciación climática y el aislamiento continental, y en algunos casos también por el efecto disruptivo del cambio climático que aconteció en el Pleistoceno[13].

De acuerdo con los conocimientos actuales sobre la filogenia del grupo[14], la familia se incluye en el orden Poales junto con otras 13 familias (fig. 4), que abarcan en conjunto más de 18.000 especies, buena parte de ellas pertenecientes a las gramíneas. Los representantes más próximos a las gramíneas pertenecen a las familias Restionaceae, Flagellariaceae, Joinvillaceae y Ecdeiocoleaceae[15], que integran un grupo monofilético cuyos integrantes muestran hojas dísticas, con vaina alrededor del tallo, limbo de morfología graminoide (de ahí que se denomine clado "graminoide") y estomas con células guarda en forma de pesa, entre otros caracteres[16]. Las Restionaceae se situan en una posición basal respecto de las restantes familias del grupo. Las Flagellariaceae incluyen solo el género *Flagellaria*, con 4 o 5 especies paleotropicales, todas ellas hierbas perennes y robustas, trepadoras merced a un zarcillo en el que terminan sus hojas, de ahí el nombre del género y la familia. Sus flores se disponen en una inflorescencia paniculiforme terminal, son hermafroditas y poseen un perianto con 6 tépalos libres y uninervados dispuestos en dos verticilos, 6 estambres en dos verticilos y con anteras basifijas, y un ovario súpero integrado por 3 carpelos fusionados, trilocular y con 3 estigmas cortos; el fruto es de tipo drupa, y la testa de la semilla está adnata al pericarpo[17]. En las Joinvilleaceae se reconoce solo el género *Joinvilla*, con 2 especies del sudeste asiático e islas del Pacífico, ambas hierbas perennes con tallos de gran tamaño y no ramificados –recuerdan a los de la cañavera–, con entrenudos huecos (son macizos en *Flagellaria*) y hojas largas y estrechas, de vainas hendidas (son cerradas en *Flagellaria*), cubiertas por abundantes pelos y aguijones conteniendo abundante sílice en sus epidermis (ausentes en *Flagellaria*); las inflorescencias son terminales y paniculiformes, y portan flores hermafroditas con perianto de 6 tépalos bracteiformes, trinervados, libres o casi, un androceo de 6 estambres dispuestos en

13 Clayton (1981)

14 Clark *et al.*, (1995), Bouchenak-Khelladi *et al.* (2014), Soltis *et al.* (2018)

15 Bremer (2002), APG IV (2016), http://www.mobot.org/MOBOT/research/APweb/

16 Soltis *et al.* (2018)

17 Takhtajan (2009), Christenhusz *et al.* (2017)

tres verticilos y un ovario tricarpelar, con estilo acabado en 3 lóbulos estigmáticos; el fruto es drupáceo, carnoso e indehiscente[18]. Las Ecdeiocoleaceae, la familia hermana de las gramíneas según los datos moleculares, incluye 2 géneros (*Ecdeiocolea* y *Georgantha*) y 3 especies del oeste de Australia. Son hierbas perennes, rizomatosas y monoicas, con hojas reducidas solo a las vainas; sus flores masculinas y femeninas se disponen en la misma espiguilla, y 1-4 de ellas se concentran en el extremo de las pocas ramas que integran la inflorescencia; el perianto consta de 6 piezas desiguales en dos verticilos trímeros, en cuya axila se ubican las flores, alternando los sexos; en las masculinas hay 4 o 6 estambres y un pistilodio, y en la femeninas 3 estaminodios y un ovario súpero, bilocular, con 2 estilos y 2 estigmas, y en la madurez da lugar a un fruto de tipo cápsula, trilocular, o a una nuez. La antigüedad de esta familia es de unos 73 millones de años[19].

Con estos antecedentes, algunos botánicos[20] han caracterizado las gramíneas más primitivas como hierbas perennes, de escaso porte y con rizomas cortos, con inflorescencias sencillas –probablemente racimos con pocas espiguillas, desechando la panícula por su complejidad ontogénica, aunque sobre esto hay discrepancias y, de hecho, modernamente se piensa en la inflorescencia de tipo panícula– y flores trímeras, estas con lema plurinervado y sin arista (especialización), pálea probablemente originada por pérdida o soldadura de piezas libres (a partir de brácteas indiferenciadas como las que presenta *Streptochaeta*), androceo con 6 estambres y ovario con 3 estigmas (origen tricarpelar). Además, las gramíneas más primitivas no debieron poseer en sus hojas muchas células epidérmicas especializadas (faltarían los micropelos) ni diferenciación notable del mesófilo (serían de tipo C3), tendrían cromosomas pequeños y en números bajos ($x = 6, 7$), y embriones pequeños en comparación con el endospermo del fruto, al igual que en las *Flagellariaceae.*

Aunque los representantes de los grupos hermanos de las gramíneas son tropicales, su distribución es heterogénea y los primeros indicios fósiles de la familia son americanos, lo que dificulta conocer dónde apareció realmente. Con mucha probabilidad, el origen geográfico de las gramíneas haya que situarlo en ecosistemas tropicales y todo parece indicar que fue, como ya se ha dicho, en el continente Gondwana, restrin-

18 Takhtajan (2009), Christenhusz *et al.* (2017)
19 Takhtajan (2009), Christenhusz *et al.* (2017)
20 Stebbins (1972)

Fig. 6.- Estepa rica en gramíneas del género *Festuca* en El Calafate, Argentina. Foto: JA.

gidas al principio a ambientes boscosos, desde donde fueron irradiando a medios abiertos, en donde predominarían las gramíneas con fotosíntesis C3 hace ya unos 35 millones de años; de ellas derivaron las de tipo C4, tal vez en África hace unos 30 Ma[21], y ya muy abundantes hace 20 millones de años en hábitats dominados por las gramíneas[22]. La mayor diversificación de la familia parece haber ocurrido, pues, en hábitats de carácter sabanoide o estepario, muy abundantes durante el Oligoceno y el Mioceno[23], en los que la polinización anemófila sería más exitosa que en bosques cerrados, y coincidió además con la radiación de los grandes ungulados, lo que propició interesantes adaptaciones coevolutivas en ambos grupos. Así, la selección natural favoreció el desarrollo de tejidos resistentes en las hojas (p.ej., epidermis ricas en cuerpos silíceos) y la ubicación de los meristemos de crecimiento en la base, lo que posibilita la recuperación vegetativa de la planta tras el pastoreo. Al mismo tiempo, en los grandes herbívoros apareció un tipo especial de dentición muy resistente a la abrasión: los dientes hipsodontos, que

21 Bouchenak-Khelladi *et al.* (2010)
22 Devesa & Carrión (2012), Hodkinson (2018)
23 Stebbins (1981), Jacobs *et al.* (1999), Strömberg (2005 & 2011)

les facilitaron el consumo de tejidos ricos en sílice[24]. En la actualidad, las gramíneas ocupan hábitats tan dispares como los existentes junto a las estaciones humanas de la Antártida (*Deschampsia antarctica, Poa annua* y *P. pratensis*, las dos últimas como invasoras)[25], en zonas desérticas y predesérticas (*Aristida* y *Stipa* spp.), en dunas costeras semifijas (*Ammophila* spp.) o en las cálidas y húmedas pluvisilvas tropicales (*Arundinaria* y *Bambusa* spp.), por citar tan sólo algunos ejemplos.

III. Distribución y rasgos generales

La familia de las gramíneas está ampliamente distribuida por todo el mundo, con presencia en todos los continentes y en todas las zonas climáticas. Sus representantes son los elementos dominantes en herbazales y pastos en todo tipo de formaciones vegetales, muy especialmente en estepas (fig. 6), sabanas (figs. 7 y 8; en su mayor parte propiciadas por la actividad humana[26]), pampas, bosques montanos (fig. 9) y páramos andinos, y praderas climácicas o antropogénicas (figs. 10 y 11), que ocupan casi el 30% de la superficie terrestre[27]. Reúne especies con formas de vida muy distintas, capaces de adaptarse a ambientes cambiantes y de colonizar con éxito muy diversos tipos de hábitats[28], incluso algunos en los que otras angiospermas apenas pueden prosperar, como por ejemplo en la Antártida y en regiones montañosas a gran altura, a menudo inhabitables para la mayoría de las plantas con flor[29]. Muchas de ellas, además, poseen gran capacidad invasora y van paulatinamente extendiéndose más allá de sus lugares de origen[30], como sucede con diversas especies americanas de *Cenchrus*, *Spartina*, *Setaria*, etc., que se han naturalizado vigorosamente en diversas partes del mundo, entre ellas la Península Ibérica, y lo mismo puede decirse de especies mediterráneas que lo han hecho en regiones muy alejadas, también con clima mediterráneo[31]. Su irrupción y colonización de nuevos hábitats puede entrañar efectos muy variados sobre los ecosistemas invadidos al competir con las especies autóctonas y llegar incluso a dominar al-

24 Clayton (1981), Heywood (1985), Strömberg (2011)
25 Pertierra *et al.* (2017)
26 Skarpe (1991)
27 Watson (1990)
28 Hilu (1985a), Clayton & Renvoice (1986)
29 Tzvelev (1989)
30 Herrera *et al.* (2009)
31 D'Antonio & Vitousek (1992)

Fig. 7.- En las praderas y sabanas africanas las gramíneas son tan diversas como importantes en la alimentación de los grandes herbívoros. Manadas de búfalos (*Syncerus cafer*) en las inmediaciones del río Mara, Tanzania. Foto: JA.

Fig. 8.- Bosquete de *Bambusa vulgaris* con palmeras cubanas (*Roystonea regia*) en el centro de Cuba. Foto: JA.

Fig. 9.- Bosquete de *Chusquea scandens* en el bosque montano del Parque Nacional Podocarpus, sector Cajanuma, Ecuador. Foto: IA.

Fig. 10.- Los pastos de las dehesas como los de la foto (finca Yegüerizo, Cardeña, Córdoba) albergan gran diversidad de gramíneas. Foto: JA.

Fig. 11.- Los atochares de *Stipa tenacissima* constituyen un paisaje muy común en el centro, este y sur de España, a menudo supervivientes de antiguos cultivos. Paisaje entre Aranjuez y Villaconejos, Madrid. Foto: JA.

gunos hábitats, alterar la luz incidente y dificultar el establecimiento de las plántulas de otras especies, limitar la disponibilidad de agua y nutrientes por el gran desarrollo de su sistema radical o favorecer la incidencia de fuegos, fenómeno este de particular trascendencia en las sabanas africanas[32].

Las gramíneas son, por lo general, fácilmente reconocibles, pero la identificación y delimitación de los géneros y especies es a menudo una tarea difícil, incluso para un agrostólogo. Precisamente por ello, no extraña que las estimaciones de su diversidad varíen sustancialmente en los diferentes tratamientos taxonómicos y floras[33]. Sin duda, parte de esta dificultad es atribuible a su aparente sencillez morfológica y a la escasez de caracteres taxonómicos, que dificulta en gran medida el reconocimiento de las especies. Además, en las gramíneas no han sido poco frecuentes los procesos de hibridación y poliploidía, y estos, sin duda, han contribuido a difuminar los límites morfológicos y genéticos interespecíficos[34].

32 D'Antonio & Vitousek (1992), Cerling (1992)

33 Clayton *et al.* (2006)

34 Grant (1981), Soreng & Davis (2000)

Fig. 12.- En las marismas mareales atlánticas, gramíneas como *Spartina maritima* colonizan la primera banda de vegetación formando comunidades con una importante biomasa. Barbate, Cádiz. Foto: JA.

Fig. 13.- Algunas gramíneas, como *Ammophila arenaria*, juegan un papel de gran importancia en la estabilización de las dunas costeras (Punta Palomas, Tarifa, Cádiz). Foto: JA.

Fig. 14.- Muchas especies de gramíneas integran los pastos cacuminales en muchas serranías de la Península Ibérica. En la imagen comunidades dominadas por *Festuca yvesii* en el Puerto de Sahún (Huesca). Foto: GM.

En la Península Ibérica las gramíneas suponen alrededor del 8% del total de taxones de plantas vasculares. Están representadas en medios acuáticos (fig. 12) –ya sea como hidrófitos o helófitos– formando parte de la vegetación riparia y de marismas mareales (fig. 12), en dunas (fig. 13), roquedos y afloramientos rocosos, en herbazales nitrófilos, praderas y pastos de todo tipo en situaciones abiertas o en claros o ecotonos de sotobosque y alcanzando las partes más elevadas de los sistemas montañosos (fig. 14), donde forman parte de pastos psicroxerófilos, cervunales y otras comunidades de importancia para los herbívoros en general.

IV. CARACTERÍSTICAS MORFOLÓGICAS Y REPRODUCTORAS

Hábito, sistema radical y desarrollo del tallo

Son hierbas anuales, bienales o perennes, estas últimas a menudo con rizomas o estolones que les permiten formar tapices y céspedes de amplia extensión. Muchas de las anuales son de modesta apariencia, aunque las hay también de gran talla, e igual sucede con las perennes. Estas últimas pueden destacar a veces en el paisaje vegetal cuando ta-

Fig. 15.- Tipos de sistema radical. A, raíces fasciculadas de una gramínea anual (*Rostraria cristata*). B, rizoma de ***Poa trivialis***. **C,** estolones de *Phragmites australis*. Fotos: JA.

pizan superficies merced a sus tallos estoloníferos, como sucede con la grama común (*Cynodon dactylon*) y diversas especies de *Paspalum* en praderas húmedas y gramadales; también, por formar grandes macollas (p.ej., *Cortaderia selloana,* la hierba de las Pampas) o por el notable tamaño de sus tallos, como sucede en algunos bambúes (algunos con tallos hasta de 30 m de altura y 20 cm de diámetro, como *Dendrocalamus giganteus*)[35], estos bien representados sobre todo en las zonas tropicales

35 Dendrocalamus giganteus in Flora of China @ efloras.org

y subtropicales de todos los continentes a excepción de Europa y la Antártida, y que pueden formar clones de extraordinaria extensión gracias al notable desarrollo de sus rizomas (*Bambusa* spp.).

El sistema radical en las especies anuales es *fasciculado* (fig. 15), es decir, está integrado por un fascículo de raíces de origen caulinar, muy desarrolladas en especies que viven en lugares áridos y desiertos, y también caulinares son las raíces de las plantas perennes, pero en este caso originadas a partir del rizoma o de estolones; muy rara vez son tuberosas, como en algunas bambusoideas del género *Puelia*[36]. El rizoma de las gramíneas perennes no es sino un tallo subterráneo, a veces muy corto, que además de emitir raíces tiene yemas o brotes en los que se forman hojas y los tallos aéreos portadores de las inflorescencias, aunque hay gramíneas que forman abundantes brotes estériles, solo con hojas, como sucede en muchas especies de *Festuca* (acompañan a otros portadores de escapos floridos, pero en realidad durmientes, capaces de formarlos en algún momento); los brotes pueden aparecer dispuestos de manera apretada en las plantas *cespitosas*, a veces formando macollas de gran envergadura, como en *Ampelodesmos mauritanica* y *Stipa tenacissima*. Otras veces, los rizomas adquieren gran desarrollo e incluso pueden ser cundidores, y en ambos casos se habla estrictamente de plantas *rizomatosas*, aun cuando el rizoma –aunque corto– es también la estructura de anclaje de las gramíneas cespitosas; cuando el rizoma es largo tiene gran importancia para la multiplicación vegetativa, ya que si se fragmenta las porciones segregadas pueden rebrotar a partir de yemas que aprovechan los recursos acumulados aquí y facilitar así la expansión de la planta[37]. Los rizomas adquieren un desarrollo espectacular en el caso de los bambúes, donde pueden acabar extendidos por una amplia superficie, aunque ello va a depender del tipo de rizoma. Unas veces son horizontales, más o menos delgados y muy ramificados, con gran capacidad de colonización (rizoma *leptomorfo*), como en las especies de *Phyllostachys*, *Sasa*, *Pseudosasa*, etc., mientras que en otros son cortos, gruesos y con entrenudos muy acortados (rizoma *paquimorfo*), se extienden poco horizontalmente y dan lugar a los tallos, como en *Bambusa*, *Chusquea* y *Guadua*[38]. En *Stipagrostis pungens*, de las zonas desérticas del norte de África, el sistema radical puede desarrollarse hasta 20 m de profundidad[39].

36 Dahlgren *et al.* (1985)
37 Jones (1985)
38 Clark & Fisher (1987)
39 Smith Jr. (2005)

Fig. 16.- Tallos, nudos y entrenudos. *Arundo donax*: A, sección longitudinal de un tallo mostrando el entrenudo ahuecado y los nudos; B, sección transversal. *Arrhenatherum album*: C, entrenudos basales engrosados. Fotos: JA y GM.

Los tallos (fig. 16), a veces de apenas unos pocos centímetros (p.ej., *Mibora minima*), aparecen por lo general solo para elevar las inflorescencias, permaneciendo hasta entonces ocultos y protegidos en la base de la planta, a modo de una corta sucesión de nudos[40] y entrenudos; tienen consistencia herbácea, con excepción de los de algunas especies perennes de gran talla[41]; en ocasiones pueden ser persistentes y de larga vida, como los de la caña de Indias (*Arundo donax*) y muchos bambúes (*Bambusa* spp., y otros géneros), en los que alcanzan una notable altura y están lignificados y endurecidos[42] (figs. 16 A, B). Algunas veces los tallos crecen arrastrándose por el suelo y enraizando de trecho en trecho, son los estolones (fig. 15 C), y confieren a las especies que los presentan gran capacidad colonizadora y tapizante (p.ej., *Cynodon dactylon*, *Stenotaphrum secundatum*, etc.). Por lo general, son de sección cilíndrica (fig. 16 B), más rara vez aplanados (de sección cuadrangular en *Chimonobambusa quadrangularis*)[43], macizos (p.ej., en panicoideas y clorídeas) o ahuecados en la madurez[44] (p.ej., en la mayor parte de las pooideas), y su flexibilidad es extraordinaria en las especies herbáceas, característica que deben a la especial disposición de los haces vasculares, cerrados –sin cámbium– y esparcidos en toda la sección transversal del tallo (*atactostela*, un carácter que comparten todas las monocotiledóneas), por lo que no hay crecimiento en grosor pero les confiere una gran resistencia a la tracción, resultando las gramíneas especialmente aptas para la vida en ambientes sabanoides, praderas y en general ambientes muy batidos por el viento. Las vainas de las hojas pueden además reforzar la resistencia de los tallos.

En su desarrollo, van partiendo hojas sucesivas de los nudos del tallo, cuyas vainas se yuxtaponen de fuera hacia dentro, donde se emplazan las más recientes, por lo que en muchas especies anuales y en los individuos juveniles de las perennes solo se aprecia externamente un *pseudotallo* constituido por las vainas enfundadas, que ocultan el tallo verdadero, el cual sólo se desarrollará en la época reproductiva para llevar en su extremo las flores. En los tallos bien desarrollados se advierten de manera general los nudos, separados por entrenudos más o menos manifiestos. En la gran mayoría de las gramíneas los tallos son simples y solo se ramifican a nivel de la inflorescencia, aunque con mucha frecuencia lo hacen también al menos en la base y propician un hábito cespitoso, lo que sucede tanto en especies anuales como en perennes. La ramificación es monopódica o simpódica, y la salida de las ramas puede ser intravaginal (entre la vaina y

40 Chrysler (1906)
41 Dahlgren *et al.* (1985)
42 Clark & Fischer (1987)
43 Dahlgren *et al.* (1985)
44 Canfield (1934)

el tallo; fig. 18 F), extravaginal (atraviesan la vaina; fig. 18 G) o infravaginal (por debajo de la vaina, en algunos bambúes)[45]. En el caso de muchos bambúes lignificados, los tallos crecen al principio sin ramificarse y están cubiertos por hojas especializadas (reducidas casi siempre a la vaina) y solo cuando alcanzan determinada altura se ramifican originando una proliferación de ramas con hojas normales[46].

Los nudos, o estructuras en las que se insertan las hojas, son visibles claramente en los escapos o tallos florales, aunque por lo general en pequeño número y, desde luego, se suceden en la base de la planta para dar origen a las hojas, cuyas vainas los ocultan; son muy evidentes en aquellas gramíneas con tallos persistentes (en *Arundo*, *Phragmites*, etc.). Aparecen como porciones acortadas de tallo en comparación con los entrenudos, a veces engrosados y otras con diámetro menor que los entrenudos que los flanquean, en ocasiones más o menos coloreados y destacados, glabros o pelosos. Los entrenudos son alargados, externamente lisos o más o menos estriado-acostillados, glabros, más o menos escábridos o pelosos, a veces uno o varios de la base del tallo engrosados por el acúmulo de substancias de reserva y apareciendo entonces a modo de tubérculos solitarios o superpuestos, como sucede en algunas especies de *Arrhenatherum* (fig. 16 C), en *Micropyropsis tuberosa*, etc.

Hojas

Las hojas[47] (fig. 17), que son simples y aparecen en disposición dística (salvo en el género *Micraira*, en el que se disponen en espiral[48]), constan de vaina basal y limbo o lámina, y su forma puede ser indicativa de los hábitats en que viven[49]. La vaina (fig. 18) parte del nudo y envuelve el tallo; en muchas gramíneas aparece hendida casi hasta la base (vaina *abierta*; fig. 18 A), quedando libres buena parte de los márgenes (a menudo más o menos solapados), o bien estos pueden estar soldados en su totalidad formando un tubo (vaina *cerrada*; figs. 18 B, C)[50]. Su superficie, que puede ser lisa o aparecer recorrida por nervios longitudinales paralelos y más o menos evidentes (en muchas bambusoideas más o menos interconectados entre sí: *venación teselada*)[51], puede ser glabra

45 Hubbard (1968)
46 Clark & Fisher (1987)
47 Arber (1923)
48 Dahlgren *et al.* (1985), Goldberg (1989)
49 Gallaher *et al.* (2019)
50 Clauson (1859)
51 Brandis (1907), Camus (1945), http://bamboo-identification.co.uk/html/leaves.html

Fig. 17.- Hoja. *Arundo donax*: A y B, disposición dística de las hojas. *Phyllostachys aurea*: C, pseudopecíolo. *Cortaderia selloana*, detalles del limbo de la hoja: D, haz; E, envés; F, margen; G, sección transversal. Fotos: JA y GM.

o estar tapizada por pelos o dentículos, estos a menudo confiriendo cierta aspereza al tacto, y sus márgenes, cuando libres, no es raro que sean estrechamente escariosos.

Las vainas viejas de las hojas basales de muchas especies, sobre todo perennes, pueden persistir superpuestas en la base de los tallos formando una envuelta múltiple y conservando su integridad, teniendo en este caso una consistencia herbácea o a veces más o menos coriácea; en ocasiones pueden acabar disgregándose y quedar entonces reducidas a restos fibrosos, que pueden ser muy característicos, formando una malla con fibras yuxtapuestas como en *Festuca coerulescens*, o incluso una malla reticulada y corrugada como sucede, por ejemplo, en *Koeleria vallesiana* y en algunas especies de *Festuca* (fig. 18 D, E). En ocasiones la parte distal de la vaina puede presentar a ambos lados unos pequeños resaltes o *aurículas*[52], más o menos desarrollados, como es frecuente en géneros como *Festuca* (fig. 19 G), y en muchas bambusoideas, en las que su forma y tamaño tienen un especial valor taxonómico, como lo tienen también las proyecciones que a menudo presentan en forma de setas o pelos largos algunas bambusoideas (*setas orales*)[53]. En los bambúes, las vainas de las hojas de los tallos (*culm sheaths*, en la bibliografía anglosajona), a diferencia de las que forman lámina y constituyen el follaje, permanecen fuertemente adheridas a aquellos, pierden a menudo la coloración verde, se endurecen y con frecuencia no se prolongan en una lámina o limbo, por lo que tienen una misión estrictamente protectora, para la que se ha propuesto incluso un origen diferente al de las hojas[54]; a menudo son caedizas y dejan entonces expuesto el tallo, que puede fotosintetizar[55].

En la transición de la vaina al limbo existe a menudo una *lígula* (fig. 19), estructura por lo general a modo de prolongación membranácea, entera o ciliada, vascularizada o no –a veces ambos tipos en una misma planta–, que en muchas gramíneas está reemplazada por una fila de cilios o pelos[56]; falta totalmente en las especies de algunos géneros, como *Echinochloa*. Se trata de una estructura originada a partir de la epidermis ventral de la vaina[57] y cuya su misión, tal vez, es de carácter protector al dificultar la entrada de agua y elementos extraños entre la vaina y el tallo[58], aunque también se ha apuntado un papel importante de la misma en la emergencia del tallo, que se vería facilitada por la lubricación que proporciona la excreción de glicoproteínas por parte de las células epidérmicas de su cara adaxial, lo que se ha observado

52 Tran (1963)
53 http://bamboo-identification.co.uk/html/leaves.html
54 Wang (2017)
55 http://bamboo-identification.co.uk/html/leaves.html
56 Sekine (1959)
57 Philipson (1935)
58 Chaffey (1985 &1994)

Fig. 18.- Tipología de la vaina: abierta (A, *Cynodon dactylon*), cerrada (B, *Bromus diandrus;* C, *Festuca hystrix*) y corrugada (D, *Festuca clementei*; E, *Festuca plicata*). Tipos de brotes: F, intravaginales (*Festuca yvesii* subsp. *lagascae*); G, extravaginales (*Festuca nevadensis*). Abreviaturas: b, brotes. Fotos: GM.

Figura 19.- Tipos de lígula (tomados de *Flora iberica*, con permiso): A, *Arrhenatherum album* subsp *fernandesii;* B) *Helictotrichon sarracenorum;* C) *Linkagrostis juresii;* D) *Ammophila arenaria*; E) *Spartina patens;* F) *Dactyloctenium aegyptium.* Lígula y aurículas de la vaina: G) *Festuca longiauriculata*. Lígula y aurículas del limbo: H) *Festuca mediterranea*. Fotos de lígula: I, *Bromus hordeaceus*; J, *Sorghum halepense*. Fotos: JA y GM.

al menos en algunas especies del género *Lolium*[59]. Las características morfológicas de la lígula tienen gran importancia taxonómica[60], y también su mayor o menor desarrollo, como en algunas especies de *Festuca*, *Melica* o *Stipa*, por citar tan solo algunos ejemplos[61]. Muy parecida a la lígula es la denominada *lígula externa* (en oposición a la *interna*, la única existente en la mayoría de las gramíneas), también llamada abaxial, y la *contralígula*, una estructura adicional, membranácea o de pelos, frecuentes ambas en las bambusoideas[62] y en algunos géneros de arundinoideas y estipoideas[63].

59 Chaffey (2000)
60 Pathak *et al.* (2013)
61 Fuente & Ortúñez (2001)
62 Brandis (1907)
63 Dahlgren *et al.* (1985)

El limbo foliar, casi siempre bien desarrollado (aunque falta, por ejemplo, en *Spartochloa scirpoidea*, de Australia), es acintado y por lo general de márgenes paralelos en buena medida, adelgazándose paulatinamente hacia el extremo apical, aunque de manera excepcional puede estrecharse en un *pseudopecíolo* basal, como sucede en algunos bambúes (fig. 17 C). Su crecimiento es debido a un meristema basal, por lo que puede seguir creciendo aun cuando se dañe su extremo o sea segado por los herbívoros, y su color es por lo general más o menos verde, con haz y envés concoloros o no, a veces con matices grisáceos o incluso azulados, siendo las hojas con esta coloración (glaucas) muy frecuentes en las gramíneas adaptadas a la sequía[64]. Puede ser plano, a veces plegado longitudinalmente, o bien de márgenes involutos o claramente enrollado, de grosor muy variable (de décimas de milímetro hasta más de una decena de centímetros). El plegamiento del limbo de la hoja así como su enrollamiento son adaptaciones claras para evitar la radiación incidente y la pérdida consiguiente de agua[65], particularmente en los ambientes xéricos, un proceso en el que la actuación de las células buliformes es decisiva[66] (véase más adelante). Su cara adaxial (haz) está por lo general recorrida por costillas más o menos evidentes (coinciden con los haces vasculares o nervios, en el lenguaje vulgar; fig. 17 G), a veces algunas más destacadas que el resto, y sobre su superficie y en los márgenes aparecen a menudo dientecillos (acúleos; fig. 17 F) antrorsos o retrorsos que le confieren aspereza al tacto, o a veces pelos largos más o menos abundantes, y algo similar puede observarse por la cara abaxial (envés), si bien esta puede ser completamente lisa, sin nervios apreciables excepto muchas veces el central; de manera excepcional se ha indicado la presencia de pelos pluricelulares glandulosos en algunas especies africanas de *Panicum*[67].

La base del limbo puede a veces expandirse también en sendas estructuras a modo de orejuelas o *aurículas* por debajo del meristemo intercalar y oblicuas al eje del limbo[68], como sucede, por ejemplo, en las especies de *Festuca* sect. *Schedonorus*[69] (fig. 19 H).

64 González Bernáldez (1997)
65 Redman (1985)
66 Schields (1951)
67 Kabuye & Wood (1969)
68 Tran (1963)
69 Devesa *et al.* (2020)

Características de la epidermis del limbo

De interés en las gramíneas son las características de la epidermis y de la sección transversal del limbo[70], que pueden aportar información muy valiosa desde el punto de vista fisiológico, ecológico y taxonómico.

La epidermis (fig. 20) es el tejido que reviste toda la parte aérea de la planta (la *rizodermis* en el caso de la raíz), que además de proteger los órganos controla el intercambio gaseoso y el almacenamiento de agua. Sus características son de gran importancia en la familia y pueden observarse fácilmente al microscopio a partir de raspados[71] o de impresiones de la misma[72], que permiten distinguir la disposición y tipos de células, y los elementos exodérmicos[73]. En la epidermis de las gramíneas hay dos tipos fundamentales de células, *largas* y *cortas*, que aparecen dispuestas en filas yuxtapuestas y paralelas a los nervios, coexistiendo en muchos casos con *células buliformes* y con los *aparatos estomáticos*. Las primeras, largas y estrechas, son las más abundantes, y muy variables en lo concerniente a la forma de sus paredes, que pueden ser rectas o más o menos onduladas (de ambos tipos sobre todo en las Pooideae[74]), y esto parece depender de factores ambientales o incluso la edad de la planta[75]. Las células cortas, que aparecen por lo general dispuestas en parejas (más rara vez solitarias), pueden estar rellenas de sílice (*células silíceas*) o bien presentar sus paredes suberificadas (*células suberosas*); por lo general son más o menos redondeadas, aunque las células silíceas son mucho más variables en su forma[76]. Las células buliformes son células largas muy desarrolladas, incoloras y translúcidas, con gran contenido en agua[77], que se disponen sobre todo en los surcos intercostales de la cara adaxial del limbo, con paredes más delgadas que las células adyacentes y muy fáciles de observar en la sección transversal del limbo[78], sobre todo en los que los límbos son planos, donde son muy evidentes y aparecen dispuestas en forma de abanico. Su papel fisiológico más importante, además de dejar pasar la luz a las partes profundas del limbo[79], parece ser facilitar el enrollamiento o plegamiento de este

70 Duval-Jouve (1875)
71 Clarke (1960)
72 Hilu & Randall (1984)
73 Devesa (1992)
74 Ellis (1987)
75 Ellis (1979)
76 Prat & Vignal (1968)
77 Esau (1972), Fahn (1985), Mauseth (1988)
78 Nicora & Rugolo (1987)
79 Shields (1951)

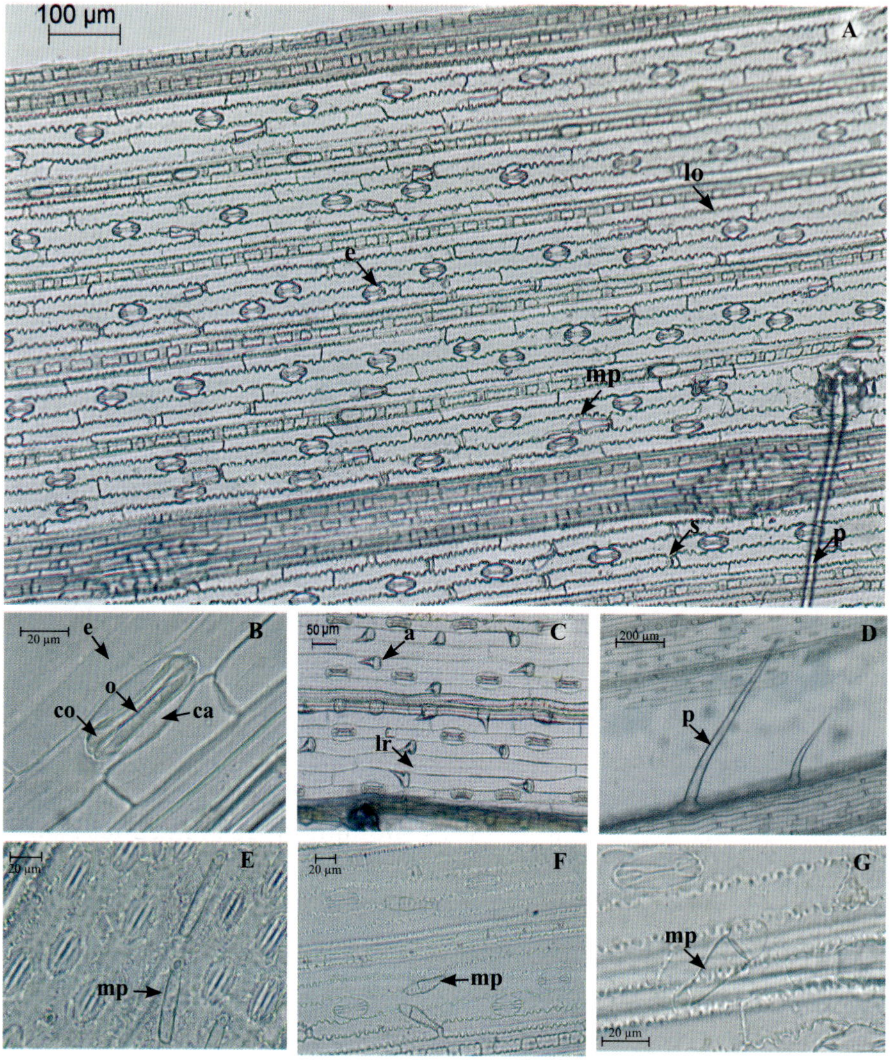

Fig. 20.- Epidermis foliar, tipos de células y elementos exodérmicos: A, F y G, *Eragrostis minor*; B-D, *Aegilops triuncialis*; E, *Arundo donax*. Abreviaturas: a, acúleo; ca, célula auxiliar; co, célula oclusiva; e, estoma; lo, célula larga de paredes onduladas; lr, célula larga de paredes rectas; s, célula corta; mp, micropelo; o, ostiolo; p, macropelo.

mediante sus cambios de turgencia[80], y controlar así la pérdida de agua al limitar la exposición de los estomas.

Los estomas o aparatos estomáticos (fig. 20 A, B) son de origen meristemoide[81] y contienen un orificio u *ostíolo* que facilita el intercambio

80 Duval-Jouvé (1875), Pée-Laby (1898)

81 Paliwal (1969)

gaseoso de la planta[82], cuya abertura regulan dos *células oclusivas* en forma de pesa, con un fuerte engrosamiento suberificado hacia la porción interna central de ambas paredes[83]; todo el conjunto está rodeado por lo general por dos *células auxiliares* paralelas al ostíolo (estomas de tipo *paracítico*)[84], cuya forma puede ser rectangular, triangular o en forma de domo[85]. Aparecen dispuestos en filas paralelas en las zonas intercostales, algo hundidos o al mismo nivel que el resto de las células de la epidermis[86], y lo hacen en ambas caras de la hoja (hoja *anfiestomática*) o solo en una de ellas; su densidad puede ser muy variable en función de las condiciones ambientales[87].

Con mucha frecuencia, las células de la epidermis llevan proyecciones (*elementos exodérmicos*) de forma muy variada, entre las que se cuentan aguijones y estructuras rígidas y ganchudas, pelos de gran tamaño y más o menos rígidos, o bien bicelulares diminutos. Los *aguijones* tienen punta más o menos larga y base elíptica u oval, mientras que los *ganchos* o acúleos (fig. 20 C), más pequeños y ganchudos, tienen la base redondeada y sus paredes lignificadas y a menudo silificadas[88]. Los *macropelos* (figs. 20 A, D) suelen ser unicelulares y muy agudos, rara vez tabicados, cuya abundancia y distribución suele estar muy influida por la edad de la planta y las condiciones del medio[89]. Los *micropelos* (fig. 20 A, E-G), que tienen gran importancia taxonómica para la caracterización de las subfamilias[90], son frecuentes en todas las subfamilias menos en las Pooideae[91]. Se caracterizan por ser bicelulares y obtusos, por lo general de menos de 70(120) µm[92] y aparecen en partes muy dispares de la planta (en el limbo de las hojas, lemas, páleas, etc.), conociéndose diversas microvariantes[93] que, básicamente, se reducen a pelos alargados, digitiformes (p.ej., en *Bambusoideae*, *Arundinoideae*,

82 Esau (1972), Fahn (1985), Mauseth (1988)
83 Brown & Johnson (1962)
84 Stebbins & Khush (1961), Inamdar (1970), Dahlgren *et al.* (1985)
85 Devesa (1992)
86 Watson & Johnston (1978)
87 Hardy *et al.* (1995)
88 Parry & Smithson (1964), Ellis (1979)
89 Ellis (1979)
90 Prat (1936)
91 Metcalfe & Clifford (1968), Johnston & Watson (1977), Céccoli *et al.* (2017)
92 Amarasinghe & Watson (1988)
93 Tateoka *et al.*(1959), Prat & Vignal (1968), Amarasinghe & Watson (1988), Dassanayake & Larkin (2017), Céccoli *et al.* (2015)

Panicoideae; fig. 20 E), y pelos con la célula distal globosa (*Chloridoideae;* figs. 20 F, G)[94]. En muchas especies de cloridoideas se ha comprobado su papel en la excreción de sales[95], por lo que los fisiólogos los han denominado también como *hidátodos* o *glándulas de sal*, frecuentes en especies que viven en hábitats salobres. Así, por ejemplo, en las especies del género *Spartina*[96] las glándulas de sal aparecen en las hojas y otras partes aéreas de la planta, dispuestas en fila en los espacios intercostales, e igual sucede en otros géneros, como *Cynodon*, *Distichlis*, *Sporobolus*, *Pappophorum*, *Odyssea*, etc.[97], en los que son responsables de la excreción de cloruro sódico. En *Porteresia coarctata* y *Oryza sativa* esta excreción de sal tiene lugar, por el contrario, a nivel de macropelos unicelulares[98].

Características de la sección transversal del limbo

La sección transversal del limbo (figs. 21 y 22), que puede obtenerse fácilmente mediante un corte a mano alzada con una simple cuchilla, muestra con detalle el relieve del haz y envés de la hoja, sus valles, costillas y los accidentes exodérmicos de la epidermis, y aporta información muy valiosa sobre la anatomía interna[99] y el tipo de fotosíntesis de la planta[100]. Además, es de gran valor taxonómico para la caracterización de taxones supragenéricos[101] y de las especies en muchos géneros, como por ejemplo en *Festuca*, *Helictochloa*, *Helictotrichon*, etc. De particular interés en ella es la presencia y el modo de distribución del esclerénquima, la presencia y distribución del clorénquima, el número y las características de los haces vasculares y de su vaina, la forma y número de las costillas, la disposición de las células buliformes cuando existen, etc.[102]

En las gramíneas, todo el tejido comprendido entre ambas epidermis constituye el mesófilo, excluidos los haces vasculares y su vaina, y los

94 Ellis (1987)
95 Amarasinghe & Watson (1989)
96 Skelding & Winterbotham (1939); Maricle *et al.* (2009)
97 Liphschitz & Waisel (1974), Taleisnik & Anton (1988), Oross & Thompson (1982), Somaru *et al.* (2000)
98 Bal & Dutt (1986), Flowers *et al.* (1990), Céccoli *et al.* (2015)
99 Duval-Jouve (1875), Brown (1958)
100 Johnson & Brown (1973), Ellis (1976)
101 Renvoize (1982-1987)
102 Devesa (1992)

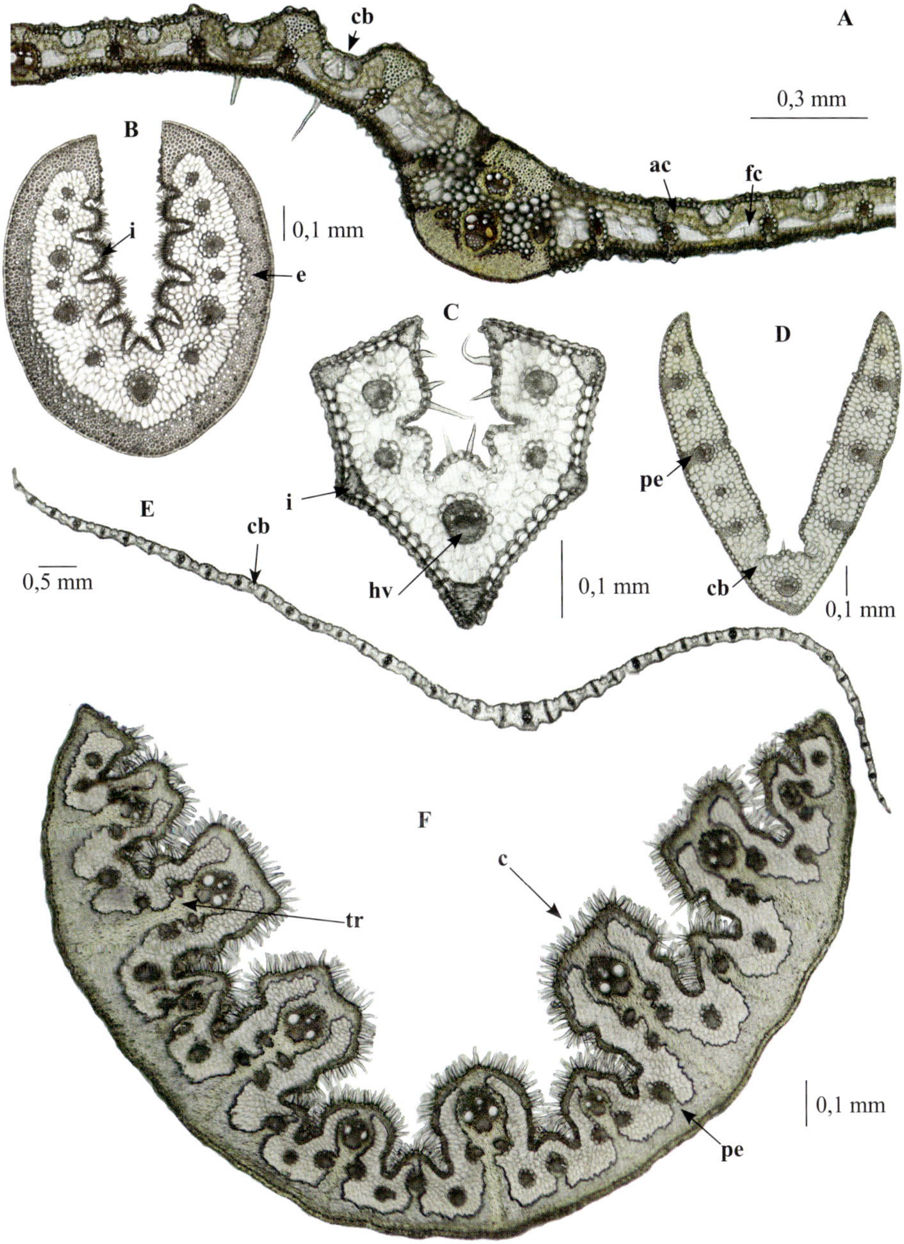

Fig. 21.- Sección transversal del limbo de las hojas: plantas C3. A, sección parcial de *Phyllostachys aurea* (ac, *arm cells*; fc, *fusoid cells*); B. *Festuca eskia* (esclerénquima continuo hacia el envés); C, *Festuca iberica* (esclerénquima en islotes); D, *Poa bulbosa* subsp. *angustifolia* (esclerénquima formando puentes); E, *Festuca lasto* (esclerénquima formando trabéculas); F, *Stipa tenacissima* (esclerénquima continuo hacia el envés y formando puentes y trabéculas). Abreviaturas: ac, arm cells; c, costillas; cb, células buliformes; e, esclerénquima; fc, células fusiformes; hv, haz vascular; i, islote de esclerénquima; pe, puente de escleréquima; tr, trabécula de esclerénquima.

reforzamientos esclerenquimáticos[103]. Casi nunca presenta diferenciados el parénquima en empalizada y el parénquima esponjoso, y está integrado básicamente por un tejido asimilador (*clorénquima*)[104] de células grandes y dispuestas apretadamente, con espacios intercelulares más o menos variables, muy grandes en los taxones acuáticos[105]. Su disposición puede no estar estructurada (*clorénquima no radial*, frecuente en las gramíneas de zonas templadas; fig. 21), o bien disponerse de manera radial alrededor de los haces vasculares (*clorénquima radial*; fig. 22), como es típico en gramíneas tropicales con fotosíntesis C4. En el mesófilo también pueden aparecer células incoloras, carentes de cloroplastos y de paredes engrosadas[106], de especial importancia en las bambusoideas y en muchas gramíneas con fotosíntesis C4, apareciendo a menudo formando placas en ángulo recto con la superficie, dividiendo el mesófilo en compartimentos[107]. Especial mención merece el clorénquima de las bambusoideas[108], formado por células tabulares asimétricamente lobuladas (*arm cells*) provistas de clorofila y por células aplanadas aclorofílicas y translúcidas[109], fusiformes o piriformes en sección (*fusoid cells*), dispuestas de manera perpendicular a los haces vasculares (fig. 21 A), bien desarrolladas sobre todo en las hojas de sombra; ambos tipos de células están presentes también en algunas Oryzoideae[110]. Las células fusiformes constituyen un carácter plesiomórfico, presente ya en algunas familias hermanas (Joinvilleaceae y Ecdeiocoleaceae) y en los tres linajes basales de las gramíneas (subfamilias Anomochlooideae, Pharoideae y Puelioideae)[111].

El *esclerénquima* es un tejido reforzante, constituido por células muertas cuyas paredes están fuertemente engrosadas por la deposición de lignina, unas largas (*fibras*) y otras cortas (*esclereidas*); su abundancia y distribución en el limbo es de especial importancia por conferir rigidez y resistencia al mismo. El esclerénquima subepidérmico (el que aparece por debajo de la epidermis abaxial, adaxial, o de ambas) puede orientar sobre las condiciones xéricas en las que se desarrolla la planta ya que, por ejemplo, una gran abundancia del mismo podría reflejar una adaptación de la hoja a los cambios de turgencia –pues al permanecer

103 Ellis (1976)
104 Freier (1959)
105 Arber (1934), Vickery (1935)
106 Nicora & Rugolo (1987)
107 Dahlgren *et al.* (1985)
108 Metcalfe (1960)
109 Dahlgren *et al.* (1985)
110 Ellis (1976)
111 Judziewicz & Clark, (2007)

rígida se evitan daños mecánicos consiguientes– y evitar una excesiva pérdida de agua en la transpiración. En sección transversal del limbo el esclerénquima subepidérmico puede observarse a veces formando un anillo continuo (*esclerénquima continuo;* figs. 2 B) en contacto con la epidermis abaxial, o bien formando reforzamientos aislados (*islotes*) dispuestos en la cara abaxial (fig. 21 C) y/o adaxial (fig. 21 B), que por lo general aparecen enfrentados a los haces vasculares, aunque también pueden aparecer en los márgenes de la sección; estos islotes pueden ser de diferentes tamaños (formados por solo unas pocas células o ser más o menos macizos) y formas (dispuestos en forma de T, contactando con los nervios *–puentes–* o no, etc.), y también aparece en muchas especies formando tabiques (*trabéculas;* figs. A, E, F) que ponen en contacto los haces vasculares con ambas caras. En las especies cuyas hojas presentan esclerénquima, este se dispone según un patrón característico, por lo que su valor taxonómico es grande como, por ejemplo, en el género *Festuca*[112], aunque a veces su abundancia y disposición pueden verse notablemente influenciadas por las características del medio, y limitar entonces su uso taxonómico[113]. La abundancia del esclerénquima es menor en las hojas de aquellas especies mesófilas y de ambientes más húmedos, en las que a menudo los limbos son planos, y cuya adaptación a la mayor o menor humedad radica en la posibilidad de plegarse longitudinalmente, siendo para ello muy importantes las filas de las voluminosas células buliformes que los recorren, observables en la sección transversal como pequeños abanicos de células de gran tamaño (fig. 21 A, E).

Cada una de las *costillas* que se aprecian por lo general en la cara adaxial del limbo se corresponde, al menos, con un haz vascular, fácilmente observable en la sección transversal. Cada haz está integrado, básicamente, por elementos de metafloema y metaxilema apretadamente dispuestos, siendo característica la existencia por lo general de tres tráqueas de metaxilema destacadas y dispuestas en V, y el conjunto de estos elementos está rodeado por una *vaina* de características muy variables, que los aísla y protege; por ellos circula la savia bruta, a través del xilema, y la savia elaborada enriquecida en fotosintatos a través del floema. Los haces en sección trasversal se denominan *libres* (fig. 21 B, C) si no están unidos a ninguna de las caras del limbo mediante esclerénquima, y *trabados* (fig. 21 A, F) o *semitrabados* (fig. 21 D, F) cuando lo están a ambas caras o solo a una de ellas, respectivamente.

112 Martínez-Sagarra *et al.* (2017)
113 Burduja & Thomas (1971), Ruiz *et al.* (1998)

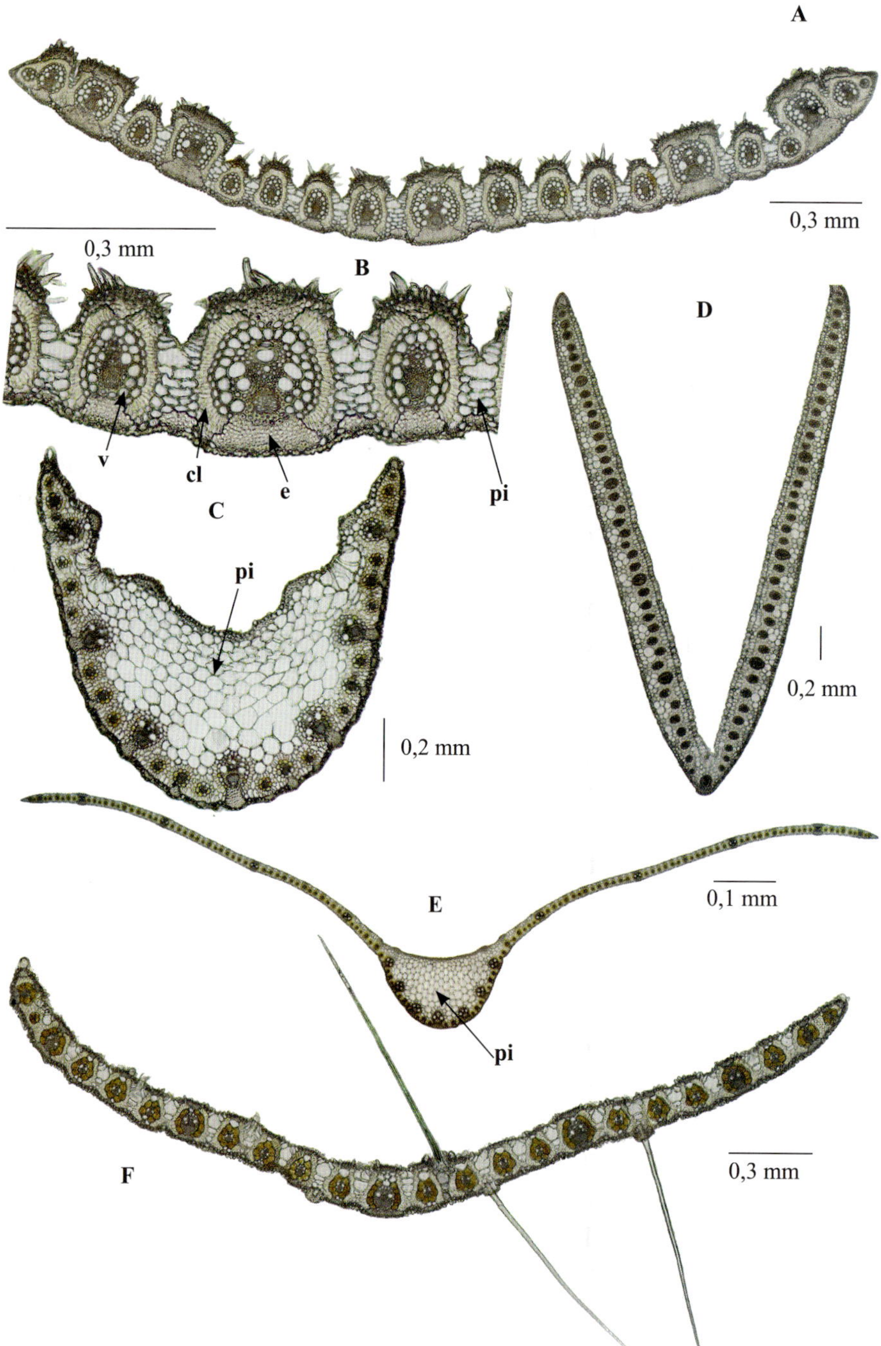

Fig. 22.- Sección transversal del limbo de las hojas: plantas C4. A y B, *Aristida caerulescens*, con vaina doble; C, *Pennisetum setaceum*; D, *Stenotaphrum secundatum*; E, *Sorghum halepense*; F, *Cynodon dactylon*. Abreviaturas: cl, clorénquima; e, esclerénquima; pi, parénquima incoloro; v, vaina.

La vaina de los haces vasculares está formada por células parenquimáticas que los rodean total o parcialmente. Sus características tienen un alto valor taxonómico y mucho valor desde el punto de vista fisiológico. El tipo de vaina (simple, doble o intermedia)[114] varía en los grandes grupos de gramíneas[115], y sus detalles tienen además un especial valor desde el punto de vista fisiológico, pues permite discriminar la modalidad fotosintética, de tipo C3 o C4, aunque hay géneros con especies de uno y otro tipo (p.ej., *Paspalum*) e incluso especies con caracteres intermedios (p.ej., en *Neurachne minor* y algunas especies de *Paspalum*)[116].

En las gramíneas con fotosíntesis C3 el ciclo de Calvin (mediante el cual las plantas fijan carbono y lo incorporan en forma de glucosa) se realiza en las células del mesófilo, donde la enzima RuBisCo capta el CO_2 y se desdobla en dos moléculas de PGA (ácido 3-fosfoglicérico, de ahí C3, por ser productos de tres átomos los primeros en formarse). En los haces vasculares de estas plantas, la vaina puede ser *simple* o *doble* y las células clorenquimáticas se disponen en el mesófilo más o menos laxamente. Cuando la vaina es simple está integrada por un círculo de células único, grandes y de paredes finas, a menudo desprovistas de cloroplastos o bien estos son diferentes de los de las células clorenquimáticas; cuando es doble, que es la condición más general, la externa la integran células equiparables a las de la simple, dispuestas en un círculo completo o incompleto, a veces interrumpido por parénquima incoloro o esclerénquima, mientras que la vaina interna o *mestoma* está integrada por células desprovistas de cloroplastos y con paredes asimétricamente engrosadas, aunque atravesadas por plasmodesmos[117]. En todo caso, suele haber más de 4 células entre las vainas externas de dos haces vasculares vecinos, y el almidón se almacena sobre todo en las células del mesófilo[118]. Las plantas C3 abundan sobre todo en las zonas templadas y frías (pooideas, bambusoideas, la mayoría de las arundinoideas y algunas panicoideas) pues la temperatura óptima para su fotosíntesis es 20-25 ºC. Cuando las condiciones son secas, la eficiencia de la fotosíntesis se ve reducida, ya que la RuBisCo puede aceptar tanto CO_2 como O_2, moléculas que compiten entre sí, y cuando capta oxígeno tiene lugar una pérdida significativa de CO_2 en células que simultáneamente están

114 Metcalfe (1960)

115 Brown (1958); Carolin *et al.* (1973)

116 Hattersley & Stone (1986), Hattersley *et al.* (1986), Edwards & Ku (1987)

117 Ellis (1976)

118 Clayton & Renvoize (1986)

Fig. 23.- Detalle de nectarios extraflorales en la inflorescencia de *Eragrostis minor*. Fotos: JA.

fijándolo en el ciclo de Calvin. Este proceso, que se conoce como fotorrespiración y lo presentan todas las plantas terrestres[119], minimiza al menos la fotoinhibición del aparato fotosintético por los efectos de la luz ultravioleta y la radiación visible, y facilita la recuperación de parte del carbono.

Por el contrario, en las gramíneas con fotosíntesis C4, la vaina interna o mestoma puede existir (XyMS+) o faltar (XyMS-), y la externa, que integran siempre células verdes en torno a las cuales se dispone apretadamente el clorénquima de manera radial (*síndrome de Kranz*), puede limitarse a una única envuelta (figs. 22 C-F) o, a veces, a dos (como en *Aristida*; figs. 22 A, B); con mucha frecuencia el mesófilo está interrumpido por abundante parénquima incoloro (fig. 22). Aquí, las reacciones asociadas a la luz tienen lugar en las células del mesófilo, en las que el CO_2 es fijado por una molécula de fosfoenolpiruvato carboxilasa, formándose ácidos orgánicos con 4 átomos de carbono (aspartato, malato) que son transportados a las células de la vaina de los haces vasculares y descarboxilados, y es este CO_2 el utilizado por la RuBisCo en el ciclo de Calvin para formar azúcares, un mecanismo que reduce la pérdida de carbono por fotorrespiración. De esta modalidad fotosintética, que ha aparecido independientemente en diversas familias de plantas[120], se conocen en las gramíneas tres variantes en función del ácido orgánico que se transfiere a la célula de la vaina: malato en la variante NADP-ME (enzima NADP-málico descarboxilasa, y vaina XyMS-) y aspartato en las variantes NAD-ME (enzima NAD-málico descarboxilasa, y vaina XyMS+) y PCK (PEP- carboxiquinasa, y vaina XyMS+),

119 Willis & McElwain (2014)

120 Nelson & Langdale (1989); Soltis *et al.* (2018)

esta última conocida solo en gramíneas[121]. Dichas variantes entrañan además diferencias en la disposición de los cloroplastos en las células de la vaina, centrípetos respecto del haz vascular (NAD-ME), centrífugos (NADP-ME) o de ambos tipos (PCK), entre otros caracteres[122].

Las gramíneas C4 (casi el 40% de la diversidad[123]) están mejor adaptadas a condiciones cálidas y húmedas (la temperatura óptima para ellas es 30-35ºC) y poseen una mayor eficiencia en el uso del agua, por lo que son particularmente abundantes en las regiones tropicales y subtropicales, entre ellas las clorideas, las andropogoneas y muchas panicoideas.

Nectarios extraflorales

Son estructuras secretoras no relacionadas con la polinización, que excretan néctar rico en azúcares, aminoácidos u otras sustancias[124] y cuya aparición puede estar relacionada con la atracción de los insectos y las aves predadoras de herbívoros, en este caso un mecanismo de defensa frente a la herbivoría[125]. Se trata de una relación muy antigua y que es mayor sobre todo en las regiones cálidas[126]. Se conocen en más de 2.000 especies de 64 familias[127], entre ellas las gramíneas, en la que son raros[128] y no están vascularizados. Se trata de glándulas pluricelulares que pueden aparecer en el margen de la vaina de las hojas y el limbo, sobre el tallo y ramas de la inflorescencia (fig. 23) y, a veces, también sobre los nervios de las glumas, lemas y otras partes de la planta[129]. Su tipología es variada, ya que pueden ser planos o cóncavos y crateriformes, de forma por lo general ovalada o redondeada, a veces embutidos en pequeñas depresiones o formando alineaciones, etc.[130]; son frecuentes en géneros como *Eragrostis*[131] (su existencia y localización aquí es de interés taxonómico; fig. 23), *Andropogon*[132], *Cenchrus*, *Panicum*, *Sporobolus*, etc.[133].

---

121 Hattersley (1986), Soltis *et al.* (2018)
122 Hattersley (1986)
123 Soltis *et al.* (2018)
124 Díaz-Castelazo *et al.* (2005)
125 Bentley (1976)
126 Pemberton (1982)
127 Mizell (2019)
128 Bentley (1977)
129 Nicora (1941)
130 Linder *et al.* (1990)
131 Nicora (1941)
132 Bowden (1970 & 1971)
133 Elias (1983)

En algunas gramíneas pueden aparecer células secretoras a nivel de la epidermis foliar, como sucede en algunas especies de *Panicum* sect. *Lorea* que viven en los cerrados brasileños, donde están sometidas a incendios estacionales. La excreción de substancias lipídicas, sobre todo en la vaina de las hojas basales y en su región ligular –que se tornan finalmente viscosas–, empapa los macropelos existentes, y facilita la adherencia de estas hojas al tallo, y se ha interpretado como una adaptación para evitar la entrada de insectos entre la vaina y el tallo, y tal vez también para evitar la deshidratación y disminuir la combustibilidad[134].

Floración

La floración es la fase en la que las gramíneas anuales concluyen su ciclo, algo que en la Península Ibérica y en toda la Región Mediterránea, por la clara estacionalidad climática, suele coincidir con la primavera y principio del verano. No obstante, hay gramíneas anuales con floración invernal (p.ej., *Mibora minima, Poa annua,* etc.), otras perennes que lo hacen durante el otoño e invierno (p.ej., *Arundo*, *Phragmites*, etc.), y no faltan las que lo hacen sobre todo durante el verano, en este caso plantas que a menudo encuentran entonces las condiciones más adecuadas para su desarrollo, como les sucede en nuestras latitudes a ciertas gramíneas con fotosíntesis C4, entre ellas algunas especies de *Setaria*, etc. Las especies bienales requieren por lo general de dos años para florecer, y muchas perennes necesitan de un previo desarrollo de la planta y, a partir de entonces, puede tener lugar cada año mientras viva la planta. Un caso singular es el de los bambúes arbustivos, que florecen de forma masiva y sincrónica al cabo de muchos años y mueren seguidamente (*monocarpia*)[135], un comportamiento fijado genéticamente en la población, de tal forma que clones trasplantados en lugares diferentes responden de igual forma y florecen en la misma época que las plantas de la población de origen[136]. El ciclo de floración en estos bambúes es muy variable según las especies, y tienen lugar sobre todo cada 10, 20, 30, 60 o más años[137], a veces incluso después de 120 años, como se ha visto en *Phyllostachys bambusoides*[138].

134 Vega *et al.* (2008)
135 Janzen (1976)
136 Filgueiras (1988)
137 Janzen (1976), Guerreiro (2014)
138 Kawamura (1927)

Inflorescencia y polinización

A diferencia de lo que sucede en muchas otras familias de angiospermas, cuyos representantes ostentan flores más o menos vistosas tanto en tamaño como en colorido (claro reflejo de adaptación a una polinización zoidiófila), las flores de las gramíneas son, por lo general, muy pequeñas y poco llamativas, y es la *inflorescencia* el órgano más ostensible para nosotros. La frecuente vistosidad de las inflorescencias y la escasa atracción de las flores obedece a que es el viento el agente polinizador (*polinización anemófila*) en la casi totalidad de los casos[139], si se exceptúan las flores cleistógamas de algunas especies. No obstante, se conoce algún caso de polinización por insectos, sobre todo himenópteros en África[140] y en bambúes de los bosques tropicales de América[141], donde la polinización por el viento está más limitada[142]; a veces los insectos visitan las inflorescencias tan solo para alimentarse del polen y actúan indirectamente como polinizadores. La adaptación a la polinización anemófila hace innecesario el desarrollo de un perianto con piezas atractivas, como sería el caso si los vectores polinizadores fueran animales, y su ausencia se palia con la existencia de brácteas adecuadas para proteger los órganos sexuales. La aleatoriedad del proceso propicia sobre todo la polinización cruzada y con ella la *alogamia* (aunque también se conoce la autopolinización y *autogamia* consiguiente, muy común en muchas especies cultivadas[143]), y para garantizar el éxito de la polinización las gramíneas, al igual que sucede en otras muchas plantas anemófilas, tienen adaptaciones encaminadas a ello: formación de gran número de granos de polen, desde luego seco y con características aerodinámicas adecuadas; buena exposición de las flores e inflorescencias, para facilitar tanto la liberación como la captación del polen; estambres con filamento largo y anteras mediifijas, para facilitar la liberación del polen; superficies estigmáticas bien desarrolladas y expuestas para aumentar la capacidad de recepción de polen, etc.[144]

Cuando una planta está madura entra en fase reproductora e inicia la formación de la inflorescencia. Esta se desarrolla a partir del ápice vegetativo del tallo cuando cesa la producción de hojas y se potencia en su lugar a las yemas que originan la inflorescencia, un proceso media-

139 Müller (1886), Knuth (1909)

140 Jaeger (1957b), Bogdan (1962), Connor (1987)

141 Soderstrom & Calderón (1971)

142 Regal (1982)

143 Jaeger (1957a)

144 Faegri & Pijl (1979), Whitehead (1983)

Fig. 24.- Inflorescencia. A, espiga laxa de *Lolium multiflorum*; espiga densa de *Hordeum leporinum*; panícula laxa de *Avena sterilis* (B) y *Briza maxima* (C); panícula densa de *Polypogon monspeliensis* (D) y *Lagurus ovatus* (E). Fotos: JA.

tizado (*inducción*) por el fotoperiodo y la temperatura[145]. Por lo general, la inflorescencia se eleva por encima de las partes vegetativas para exponer bien las flores, aunque no faltan ejemplos de inflorescencias sésiles, que apenas sobrepasan la vaina de la hoja axilante, como se observa, por ejemplo, en *Crypsis schoenoides* (fig. 63 A) y *C. aculeata*. Su desarrollo y maduración es basípeta, lo que facilita que las flores apicales puedan abrirse antes, al ser las primeras que asoman de la vaina.

En las gramíneas, la inflorescencia porta un número más o menos grande de unidades elementales denominadas *espiguillas* en las que se

145 Sachs (1972)

alojan las flores, y responde en líneas generales a dos tipos fundamentales, la *panícula* y la *espiga* (fig. 24). La panícula, básicamente un racimo de racimos de espiguillas, se considera el diseño más primitivo en la familia, del cual pueden haber derivado los restantes tipos de inflorescencia por aumento y complejidad de las ramificaciones o, todo lo contrario, por simplificación[146]. En ella el eje o *raquis* de la inflorescencia aparece notablemente ramificado, y en las ramillas se disponen las espiguillas, unas veces el conjunto más o menos condensado por la brevedad de las ramas, en la *panícula densa*, y otras formando una estructura muy abierta o incluso difusa, por la longitud de las ramas y pedúnculos que portan las espiguillas, como es el caso de la *panícula laxa*. La espiga es una inflorescencia simplificada, en la que las espiguillas se disponen sobre su eje, sésiles o casi y de manera apretada en el caso de una *espiga densa*, o de manera más o menos espaciada en el caso de una *espiga laxa*. A estos modelos básicos pueden añadirse algunos otros (fig. 25), como la disposición de las espiguillas en inflorescencia racemosas, alargadas, a veces incluso varias de ellas reunidas de manera digitada en el extremo del tallo, como por ejemplo en *Cynodon*, *Digitaria* o *Paspalum*; otras veces son capituliformes, como en *Echinaria*, e incluso la inflorescencia puede reducirse a una o dos espiguillas aparcadas en el extremo de los tallos, como en *Lygeum spartum*.

La mayor parte de las inflorescencias de las gramíneas tienen un diseño aerodinámico muy adecuado para provocar turbulencias en las corrientes de aire, que aumenta así la probabilidad de captación de los granos de polen. Unas veces, como sucede en las especies que forman panículas laxas, la captación y/o liberación del polen aumenta a consecuencia de la agitación de la inflorescencia y espiguillas por el viento, merced a los movimientos disarmónicos de estas y al batido volumétrico de aire por la inflorescencia a consecuencia de su agitación. Otras veces la captación del polen es gravitacional, como ocurre en las plantas con panícula densa (p.ej., *Setaria glauca*), y tiene lugar cuando la inflorescencia se abate sobre el sumidero de pólenes que crean los torbellinos de aire a sotavento[147]. En todo caso, el éxito de la polinización está ciertamente reforzado por el claro predominio de especies autocompatibles con flores hermafrofitas, ya que de los 768 géneros reconocidos en la familia sólo el 8% aproximadamente tienen especies monoicas y el 3% representantes dioicos.

146 Vegetti & Antón (1995)
147 Niklas (1985 & 1987)

Fig. 25.- Tipos especiales de inflorescencia. A, *Lygeum spartum*; B, *Echinaria capitata*; C, *Digitaria sanguinalis*; D, *Paspalum distichum; Zea mays*, inflorescencias masculina (E) y femenina (F); G, *Hyparrhenia hirta*; H, *Crypsis scheonoides*; I, *Stenotaphrum secundatum*. Fotos: JA.

Espiguilla y flores

La espiguilla (figs. 26-29), como se ha dicho, es la unidad básica de disposición de las flores. Consta de un eje o *raquilla* sobre el que se insertan de manera dística las flores y sus piezas protectoras (*lema y pá-*

lea), y en cuya base se disponen por lo general una (como en las especies del género *Lolium*) o dos piezas (en la mayoría de las gramíneas), las *glumas*, brácteas que protegen el conjunto en sus inicios, pero que a menudo quedan superadas por las flores. La homología del lema y la pálea respecto de las piezas de la flor de una monocotiledónea típica sigue siendo objeto de debate, ya que han sido interpretadas como homólogas del verticilo periantial externo[148], pero también como estructuras vegetativas homólogas a las brácteas (el lema) y profilos (la pálea)[149]. La disposición de las espiguillas, el número y tipo de flores que contienen y la manera en que pueden deshacerse llegadas a la madurez son, entre otras muchas, características fundamentales en la clasificación de las gramíneas y para la identificación de las especies.

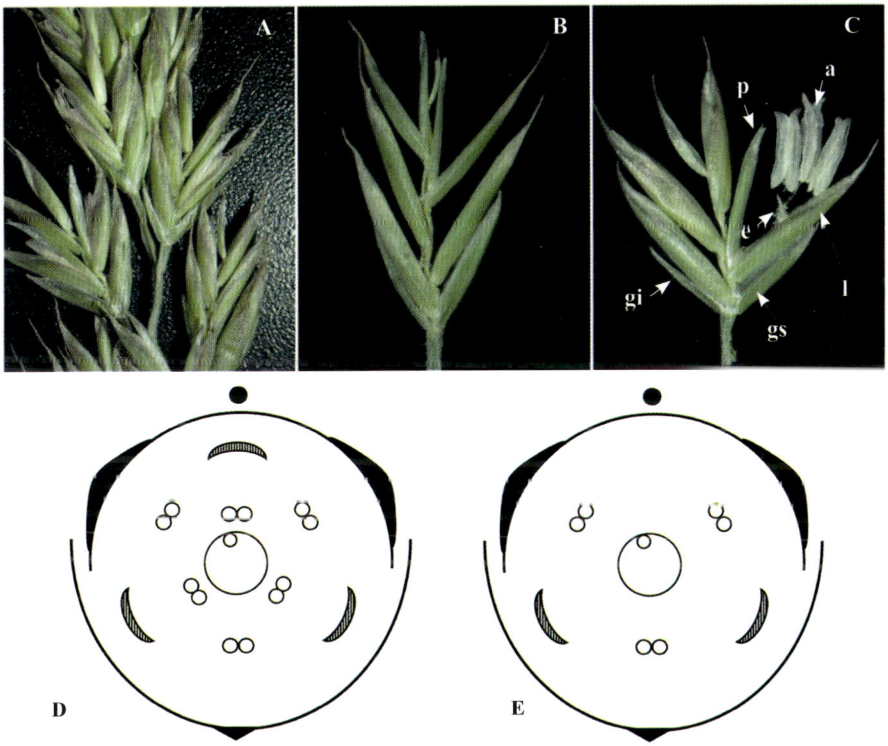

Fig. 26.- Espiguillas de *Festuca indigesta*: A, grupo de espiguillas; B, espiguilla preantésica; C, espiguilla en antesis. Diagramas florales idealizados de gramíneas: D, de una gramínea primitiva; E, de una gramínea con simplificación de verticilos. Abreviaturas: a, antera; e, estigma; gi, gluma inferior; gs, gluma superior; l, lema; p, pálea. Fotos y diagramas: GM.

148 Lombardo & Yoshida (2015)
149 Schrager-Lavelle *et al.* (2017)

Fig. 27.- Algunos tipos de espiguilla. A, *Ehrharta calycina*; B, *Glyceria declinata*; C, *Lolium perenne*; D, *Lamarckia aurea*; E, *Avena sterilis*; **F, *Rostraria cristata*. Fotos: JA.**

La raquilla se observa bajo cada lema como un segmento o artejo, glabro, escábrido o peloso, y se fragmenta a menudo en la madurez facilitando la dispersión de los frutos; en ocasiones puede prolongarse más allá de la última flor que porta. De la axila de cada lema parte la ramita o pedicelo –por lo general inapreciable– en cuyo extremo se ubica generalmente una sola flor, integrada por las *lodículas* y los verticilos sexuales, protegida a su vez por otra pieza enfrentada al lema, la *pálea*, inserta en el propio pedicelo floral: a este conjunto se denomina a veces *antecio* (*floret*, en la literatura anglosajona).

El número de flores por espiguilla varía desde una sola, como en las especies de *Agrostis, Stipa*, etc., hasta 40 como en *Eragrostis oxylepis*[150]. Por lo general, son hermafroditas y casmógamas, si bien la unisexua-

150 Hitchcok & Clase (1951)

Fig. 28.- Algunos tipos de espiguilla. A, *Briza maxima*; B, *Phalaris minor*; C, *Brachypodium distachyon*; D, *Aegilops geniculata*; E, *Melinis repens*; F, *Panicum repens*. Fotos: JA.

lidad también está presente en la familia (la monoecia se conoce en 62 géneros y la dioecia en 23), síndrome este último que se ha asociado a la polinización por el viento[151] y que en las gramíneas ha aparecido muchas veces de forma independiente[152]. Con mucha frecuencia, en una misma planta pueden coexistir espiguillas con flores hermafroditas y otras con flores unisexuales, como es común en las andropogoneas, donde suelen formar parejas. En las paniceas es muy frecuente que cada espiguilla tenga dos flores diferentes, la basal masculina o estéril y la apical hermafrodita.

La cleistogamia, es decir, la falta de exposición de los órganos sexuales en las espiguillas (las flores no se abren), es muy frecuente entre

151 Friedman & Barrett (2008)

152 Connor (1987), Friedman & Barrett (2008), Kinney *et al.* (2008)

las gramíneas[153] –más que en ninguna otra familia de angiospermas[154]– y se conoce en más de 300 especies y 80 géneros[155]. Este fenómeno propicia la autofecundación forzada y está controlado genéticamente al menos en el 50% de los casos[156], aunque también puede estar favorecido por las condiciones ambientales[157] (la denominada *cleistogamia ecológica*), entre ellas las características edáficas, la disponibilidad de agua, el fotoperiodo, etc., como se ha comprobado en *Bromus unioloides*[158], *Stipa leucotricha*[159], *Danthonia* spp.[160], etc. No obstante, existen manifestaciones de la cleistogamia propiciadas por la ubicación de las flores en la planta. Por ejemplo, son cleistógamas las flores de inflorescencias axilares que permanecen ocultas por las vainas de las hojas de las partes medias y superiores del tallo en el momento en que este ya ha elevado la inflorescencia principal con flores casmógamas, y que pueden salir de las vainas cuando ya ha finalizado la antesis de aquellas, y también las flores de inflorescencias ocultas por las vainas basales de la planta (*cleistogenes*; p.ej., en *Castellia, Danthonia*, *Triplasis*, etc.)[161] o que se disponen en rizomas especializados (*rizantogenes*; en *Amphicarpum*, *Chloris*, *Eremitis* y *Paspalum*)[162]. Las flores casmógamas y cleistógamas, además de en su sistema reproductor, pueden diferir o no morfológicamente y también en su mayor o menor proporción relativa en la planta dependiendo de las especies, también en el tamaño y la maduración de sus cariopsis –retrasada casi siempre en las originadas de flores cleistógamas–, en su modo de dispersión, etc.[163]

Las flores, que maduran en la espiguilla de forma acrópeta[164], son efímeras y quedan expuestas una sola vez tras la separación del lema y la pálea, gracias a la actuación de las lodículas; es entonces cuando los órganos sexuales quedan expuestos, a menudo en desigual estado de madurez, ya que con mucha frecuencia las gramíneas son dicóga-

153 Hackel (1906 a,b,c), Malcomber *et al.* (2006)
154 Cheplick & Clay (1989)
155 Campbell *et al.* (1983)
156 Connor (1980), Campbell *et al.* (1983)
157 Rosengurtt & Arrillaga (1961)
158 Ragonese & Marcó (1943)
159 Brown (1952)
160 Clay (1982 & 1983)
161 Chase (1908 & 1918), Weatherwax (1928), Clay (1983), Cheplick & Clay (1989), Clay & Antonovics (1985)
162 Campbell *et al.* (1983)
163 Clay (1983)
164 Latting (1972)

Fig. 29.- Algunos tipos de espiguilla. A, *Setaria pumila* (inflorescencias); B, *Eragrostis minor*; C, *Sorghum halepense*. Fotos: JA.

mas y predominantemente proterandras, aunque se conocen también con flores protóginas (p.ej., *Anthoxanthum odoratum*, *Nardus stricta*, *Alopecurus pratensis*, etc.)[165]. Con mucha frecuencia, la exposición de las flores en las gramíneas tiene lugar preferentemente en las primeras

165 Müller (1883)

horas de la mañana[166], aunque no hay una fijación tan estrecha como para que pueda establecerse un reloj floral a la manera en que lo hizo el naturalista sueco Carlos Linneo, pues realmente el proceso de apertura resulta muy afectado por las condiciones atmosféricas[167]. En algunas especies se ha observado que hay poblaciones en las que la apertura de las flores tiene lugar en diferentes horas del día y ello puede propiciar la falta de cruzamiento entre ellas[168].

Tras la fecundación de las flores y la maduración de los frutos, las espiguillas pueden desprenderse íntegramente, por rotura del pedúnculo que las sustenta o, con mayor frecuencia, pueden disgregarse en unidades de diseminación cuando la desarticulación o rotura afecta a la raquilla y entonces se originan tantas diásporas como flores. Más rara vez, las flores de la espiguillas conforman una sola unidad de dispersión (sinaptospermia, véase más adelante) que se separa a veces de las glumas en la madurez (p.ej., *Avena sterilis*).

Glumas

Las glumas (fig. 30) son las piezas que protegen las espiguillas en sus inicios y que a menudo acaban siendo superadas por el conjunto de las flores y sus piezas protectoras, los lemas y las páleas. Por lo general están presentes (falta, por ejemplo, en *Leersia*) y en número de dos, insertas a diferente nivel (gluma *inferior* y gluma *superior*), iguales o desiguales, más rara vez solo una (p.ej., *Lolium*). A menudo tienen consistencia herbácea, cartácea o membranácea, y forma muy variable (ovadas, oblongas, lanceoladas, etc.), siendo la superior la que por lo general tiene mayor tamaño y a veces también mayor número de nervios que la recorren longitudinalmente. Pueden presentar el dorso redondeado o más o menos aquillado (p.ej., *Alopecurus*) o incluso alado (p.ej., *Phalaris*), y ser enteramente glabras, ciliadas o más o menos escábridas en el dorso, sobre los nervios o en sus márgenes, o también marcadamente pelosas sobre la quilla (p.ej. *Alopecurus, Phleum*) o en todo el dorso (p.ej., *Rostraria pumila*). Aunque por lo general carecen de arista (véase el apartado siguiente), esta existe a veces, ya sea solo una (p.ej., *Chaeotopogon*, *Holcus*) o varias de ellas en algunas especies de *Aegilops* (p.ej., *A. triuncialis*, *A. neglecta*, etc.).

---

166 Knuth (1909)

167 Jaeger (1963), Faegri & Pijl (1979)

168 Ponomarev & Rusakova (1968)

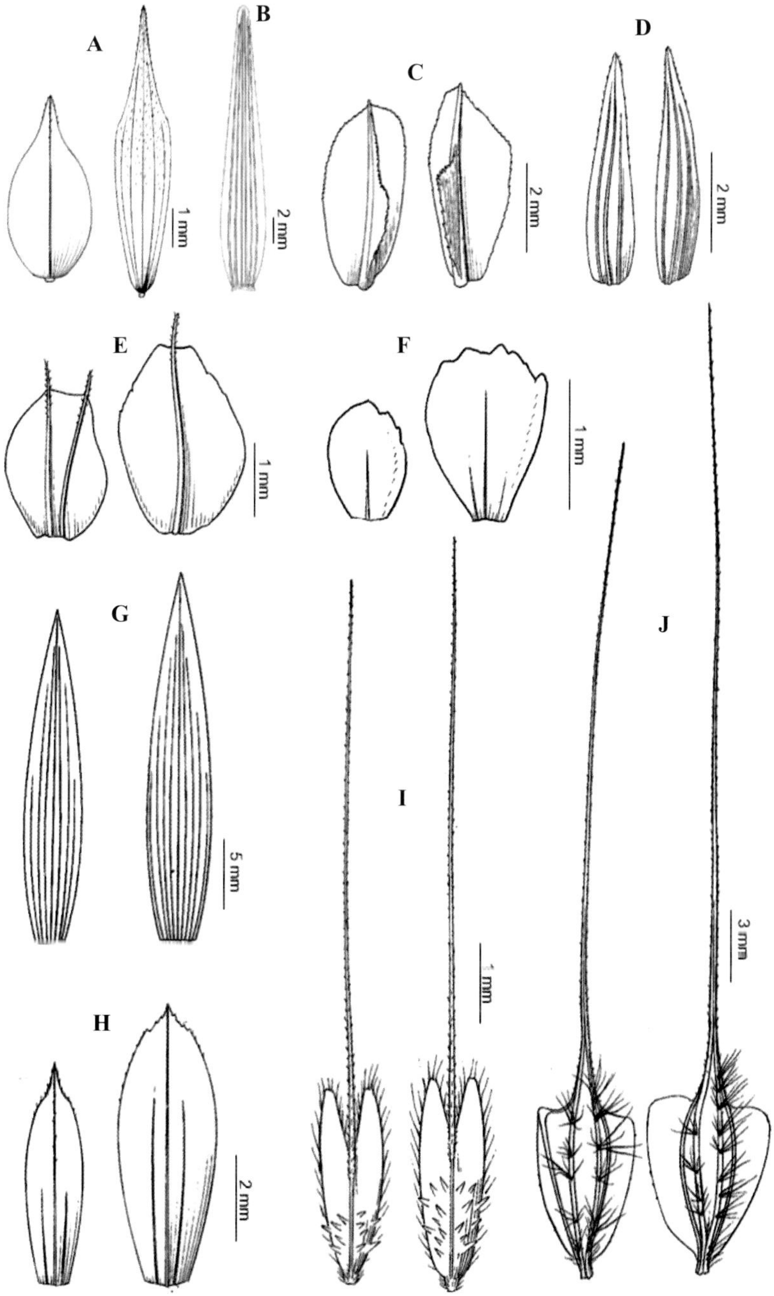

Fig. 30.- Algunos tipos de gluma: inferior (izq.) y superior (dcha.) (Tomados de *Flora iberica*, con permiso). A, *Melica magnolii* subsp. *magnolii*; B, *Lolium temulentum* (gluma única); C, *Ammochloa palaestina*; D, *Parapholis marginata*; E, *Echinaria capitata*; F, *Catabrosa aquatica*; G, *Avena barbata* subsp. *castellana*; H, *Trisetaria dufourii*; I, *Polypogon maritimus* subsp. *maritimus*; J, *Dasypyrum villosum.*

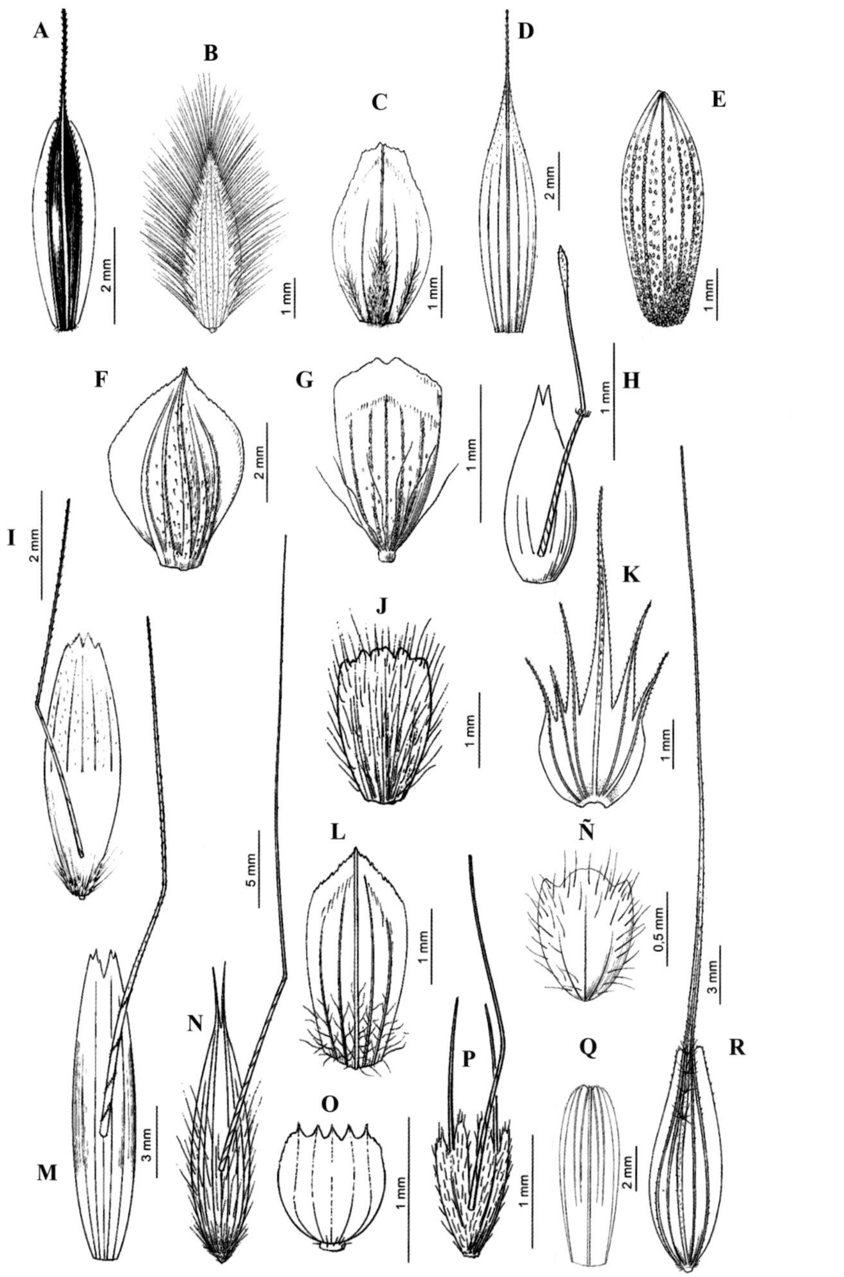

Fig. 31.- Algunos tipos de lema (tomados de *Flora iberica*, con permiso). A, *Nardus stricta*; B, *Melica ciliata* subsp. *magnolii*; C, *Poa legionensis*; D, *Ventenata dubia*; E, *Castellia tuberculosa*; F, *Ammochloa palaestina*; G, *Molineriella australis;* H, *Corynephorus macrantherus*; I, *Avenella flexuosa*; J, *Mibora minima* subsp. *littorea*; K, *Echinaria capitata*; L, *Puccinellia hispanica*; M, *Avenula pubescens*; N, *Avena barbata* subsp. *castellana*; Ñ, *Airopsis tenella*; O, *Neoschischkinia truncatula* subsp. *durieui*; P, *Triplachne nitens*; Q, *Elymus elongatus*; R, *Dasypyrum villosum*.

Lema

Al igual que las glumas, el lema es una estructura muy variable en forma, tamaño y pelosidad (fig. 31). Por lo general, su forma va de lanceolada a ovada, con el dorso redondeado o aquillado, a veces rugoso transversalmente (como en algunas especies de *Setaria*), recorrido a menudo por 3-5(9) nervios más o menos visibles y con ápice de agudo a obtuso, a veces bidentado o bífido (p.ej., *Bromus*). Su consistencia es membranácea, a veces hialina y más delicada que las glumas, como en *Agrostis* (donde la protección de la única flor de la espiguilla recae sobre todo en las glumas), pero más comúnmente es herbácea, como en la mayoría de las pooideas, o incluso coriácea como en muchas panicoideas. Su superficie dorsal (fig. 31) puede ser lisa o tuberculada, glabra, más o menos escábrida o pelosa –ambos elementos a veces solo sobre los nervios–, en ocasiones de manera muy llamativa, como en algunas especies de *Melica* (p.ej., *M. ciliata*, *M. humilis*), si bien a veces los lemas son solo ciliados, es decir, con pelos solo en los márgenes, en mayor o menor medida.

El lema puede ser mútico, acabar en un mucrón o en una arista apical –como prolongación del nervio central–, aunque esta también puede aparecer inserta a diferentes niveles del dorso (subapical, como en *Apera*, *Micropyropsis*, *Bromus*, etc.; dorsal, como en *Deschampsia*, *Trisetum*, *Aira*, etc., o subbasal como en *Corynephorus* y otros géneros). La arista, cuya presencia podría favorecer algo la dispersión en lugares abiertos frente a aquellas especies que no la poseen[169], puede estar más o menos desarrollada (mucho, por ejemplo, en numerosas especies de *Stipa*), y ser simple o ramificada (trífida como en *Aristida*), lisa, escábrida o pubescente (como en *Stipa barbata*), recta, flexionada o geniculada como en muchas avenineas. Se trata de una estructura que, junto con el callo, facilita la dispersión y el establecimiento de las diásporas[170], y ello con independencia del papel fisiológico que puedan tener como órganos para transpiración y fotosíntesis, como se ha comprobado en cereales, en los que puede transferir carbohidratos a los frutos en formación, sobre todo en climas cálidos y semiáridos[171]. La base del lema, donde este se fusiona con la raquilla, está a veces más o menos engrosada formando un *callo*, de sección y forma característica, glabro o en ocasiones peloso; en las especies de *Stipa*, *Stipagrostis*, *Aristida* y

---

169 Diacon-Bolli *et al.* (2013)
170 Pear (1984)
171 Grundbacher (1963)

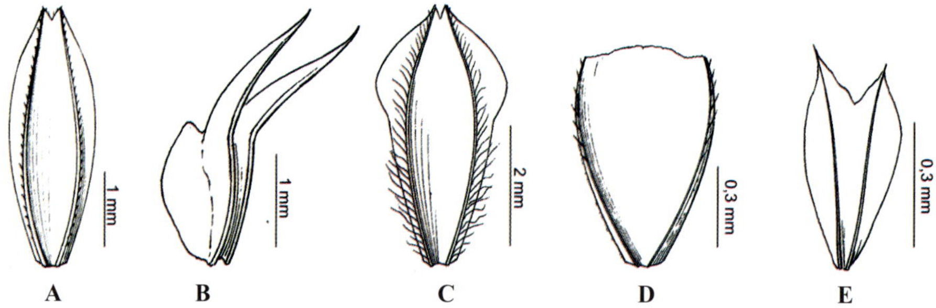

Fig. 32.- Algunos tipos de pálea (tomados de *Flora iberica*, con permiso). A, *Melica ciliata* subsp. *magnolii*; B, *Echinaria capitata*; C, *Oreochloa confusa*; D, *Airopsis tenella*; E, *Neoschischkinia nebulosa*.

algunos otros géneros, el callo es muy agudo y posee pelos retrorsos, un carácter que facilita el asentamiento de las diásporas cuando estas se introducen en alguna microdepresión del suelo.

En algunas gramíneas el lema puede presentar una fovéola más o menos destacada, como por ejemplo en *Bothriochloa alta*, que si bien al principio se interpretó como un nectario extrafloral, no produce azúcares y sí aceites esenciales, apuntándose la posibilidad de que su presencia esté relacionada con la protección frente a la herbivoría durante la floración y fructificación[172]. También, en muchas panicoideas, en las que el lema y la pálea endurecidos encierran el fruto, es frecuente la existencia en el lema de una depresión tenue que facilita en su momento la germinación (*germination flap*, *germination lid*) pues es a través de ella por donde tiene lugar la emergencia de la coleorriza[173].

Pálea

La pálea (fig. 32) es el profilo o bractéola que se inserta adaxialmente sobre el pedicelo floral, inmediata a las lodículas. Aunque puede faltar (p.ej., muchas especies de *Alopecurus*), lo más común es que esté presente, aunque a veces reducida a una diminuta estructura membranácea sin nervios y apenas perceptible, como sucede en algunas especies de *Agrostis* y es muy común en las andropogoneas (p.ej., *Andropogon*, *Hyparrhenia*, etc.). Por lo general es una estructura lanceolada, fusiforme u oblongo-obovada, de consistencia membranácea, y menor, subigual o mayor que el lema adyacente; está recorrida longitudinalmente

172 Scrivanti *et al.* (2008)

173 Reeder (1977), Rost & Simper (1975), Johnston & Watson (1981)

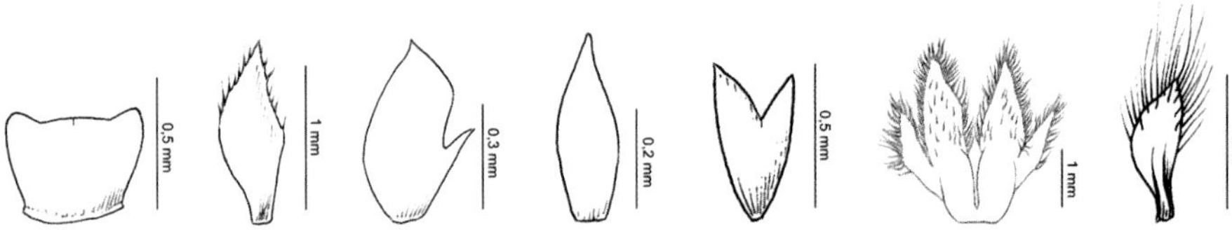

Fig. 33.- Algunos tipos de lodículas (tomados de *Flora iberica*, con permiso). A, *Glyceria fluitans*; B, *Ampelodesmos mauritanicus*; *C, Poa legionensis*; *D, Apera interrupta*; *E, Festuca clementei*; *F, Elymus farctus* subsp. *boreoatlanticus*; *G, Aegilops ventricosa.*

por 2 nervios, por los que a menudo se pliega (bicarenada), y resulta finalmente cóncava y con los bordes hacia dentro protegiendo la flor. No obstante, en las panicoideas la pálea suele ser coriácea y junto con el lema, también coriáceo, protegen mejor la flor pues las glumas suelen tener consistencia membranácea; ambas piezas quedan a menudo firmemente ensambladas y albergan a la postre al fruto (cariopsis). Los nervios, que a menudo son escábridos o ciliolados, pueden prolongarse a veces en sendas arístulas (p.ej., *Rostraria smyrnacea*)[174], y el ápice de la pálea puede ser obtuso o agudo, y con mucha frecuencia es bidentado.

Lodículas

Las lodículas (fig. 33) son estructuras pequeñas inmediatas a los órganos sexuales. Al hidratarse, ejercen un papel muy importante en la abertura de las piezas de la espiguilla ya que, tras hincharse, facilitan la separación del lema y la pálea, propiciando con ello la exposición de los estambres y estigmas, haciendo posible la polinización cruzada; cumplida su misión vuelven rápidamente a su consistencia original[175]. Constituyen una novedad de las gramíneas y se interpretan como el verdadero perianto, residual[176], homólogas por tanto del verticilo interno de todas las monocotiledóneas[177]. Aunque pueden faltar en algunos géneros (p.ej., *Nardus*, *Lygeum*, *Melica*, etc.) y aparecer solo en algunas especies de otros (p.ej., *Aristida*, *Alopecurus*, etc.), por lo general son 1 o 2 –a veces fusionadas entre sí–, o incluso 3 como en los bambúes y en varios géneros de estipeas (p.ej., *Stipa* y *Piptatherum*); cuando faltan, los órganos sexuales emergen apicalmente entre el lema y la pálea de

174 Bor (1968)
175 Knuth (1909)
176 Hackel (1881), Rowlee (1898), Clifford (1987)
177 Whipple *et al.* (2007)

manera sincrónica o sucesiva cuando hay protoginia[178]. Son muy pequeñas, de consistencia membranácea o a veces algo carnosillas, muy variables en tamaño, morfología y pelosidad, y pueden ser dimórficas en especies que presentan flores con diferente sexualidad[179]. Con mucha frecuencia su forma es lanceolada, ovada, obovado-cuneada, etc., y su margen es entero, dentado o lobado; pueden ser glabras o más o menos pelosas en el margen o el ápice[180], carácter este muy aparente en las triticeas.

Su presencia, número, morfología y pelosidad son caracteres con valor taxonómico, sobre los que algunos autores han reconocido diversos tipos de lodículas (bambusoide, festucoide, cloridoide y panicoide[181]), aunque se han propuesto más variantes y no todos los tipos son siempre reconocidos.

Androceo

El androceo lo integran desde un solo estambre (p.ej., *Botriochloa decipiens*) hasta 120 (como en *Ochlandra travancorica*)[182], si bien lo más general es que sean tres o seis[183], a veces de 1 a 3 (p.ej., en *Vulpia*). En ocasiones los estambres pueden aparecer transformados en estaminodios, como ocurre en las flores femeninas de las especies monoicas y dioicas.

Los filamentos estaminales suelen ser largos y flexibles –con una capacidad de elongación más o menos marcada tras su exerción[184]– y las anteras mediifijas, favoreciéndose así la exposición de estas (fig. 34) y la liberación del polen –muy mediatizada por las condiciones ambientales– por lo general tras dehiscencia longitudinal. El polen es tricelular, seco y por lo general esférico, radiosimétrico, con una única abertura de tipo poro que aparece cubierta por un opérculo; su tamaño puede estar muy influido por el nivel de ploidía de la planta: en algunos taxones de mayor tamaño cuando aumenta el número de cromosomas. La superficie de los granos es lisa o está muy poco ornamentada, aunque el detalle depende de si la observación se realiza al microscopio óptico

178 Connor (1979)
179 Connor (1979)
180 Stebbins (1956), JiráseK & Jozífová (1968)
181 Stebbins (1956)
182 Connor (1979), Dahlgren *et al.* (1985), Goldberg (1989)
183 Takhtajan (2009)
184 Connor (1979)

Fig. 34.- Inflorescencia de *Stipa tenacissima* en la antesis mostrando la exposición de los estambres. Foto: JA.

o electrónico, y en todo caso suele ser muy poco informativa desde el punto de vista taxonómico[185]. La microsporogénesis es simultánea y el polen, que se produce en gran cantidad, es fácilmente transportable por el viento, por lo que no es de extrañar que las especies con flores casmógamas produzcan gran cantidad de él para garantizar así la reproducción, ni tampoco que precisamente por ello muchas especies de gramíneas sean especialmente alergénicas en nuestras latitudes[186]. La antesis sueler ser breve y durar desde unos minutos hasta una hora, lo que minimiza el riesgo de entrada de esporas de hongos[187].

Gineceo

El gineceo es súpero y está integrado por 2 o 3 carpelos soldados en un ovario unilocular (fig. 35), casi siempre con un único primordio seminal que, por lo general, es hemicampilótropo[188]. El ovario está rematado en su extremo por 2 o 3 estigmas libres (que en *Zea* están fusionados en la base), y más rara vez por solo 1, como en *Nardus* o *Lygeum*; por lo gene-

185 Wodehouse (1935), Tormo & Devesa (1992)
186 D'Amato & Spieksma (1991 & 1992)
187 Clayton (1990)
188 Triquell (1987)

Fig. 35.- Gineceo de *Sorghum halepense*. Foto: JA.

ral son secos y plumosos en parte o en toda su longitud, lo que aumenta la probabilidad de interceptar los granos de polen transportados por el viento. Su longitud puede variar entre flores estériles y fértiles, y también la densidad de las ramificaciones estigmáticas entre plantas autocompatibles y autoincompatibles, como se ha comprobado en *Echinochloa*.

Sexualidad

Como se ha dicho más arriba, la mayor parte de las gramíneas son hermafroditas, con flores de tal condición. No obstante, se conoce también la *dioecia* y la *monoecia*, en distintas variantes. La dioecia en sentido estricto, es decir la existencia de flores masculinas y femeninas separadas en plantas diferentes, se conoce en pocos géneros, entre ellos *Poa*, *Spinifex*, *Jouvea*, *Buchloe*, a veces con dimorfismo a nivel de la inflorescencia o en la posición de las flores entre plantas de diferente sexo[189]. También se conoce la *ginodioecia*, coexistiendo en las poblaciones plantas con flores femeninas y plantas hermafroditas, como sucede

189 Connor (1979 & 1984)

en *Bouteloua*, *Cortaderia* y en algunas especies de *Poa*[190]. Mucho más frecuente es la monoecia, que entraña la existencia en la misma planta de flores masculinas y femeninas, a veces en inflorescencias separadas, como en *Zea mays*, y otras en distintas ramas de una misma inflorescencia (p.ej., *Ekmanochloa* y *Mniochloa*) o mezcladas en ella, como en *Maclurolyra*, etc.[191]. Se conocen especies *ginomonoicas*, como *Poa annua*, con flores femeninas y hermafroditas en el mismo pie, y también *andromonoicas* –siguen en importancia a las hermafroditas–, con flores masculinas y hermafroditas en la misma planta, fenómeno frecuente en las panicoideas y las andropogoneas, así como en algunas especies de los géneros *Holcus*, *Hordeum* y *Arrhenatherum*, entre otros. En las panicoideas las espiguillas tienen dos flores, una basal masculina o neutra, y una superior hermafrodita (p.ej., *Setaria*, *Echinochloa*, *Brachiaria*), mientras que en las andropogoneas las espiguillas se disponen en pares, por lo general una sésil (con una flor neutra y otra hermafrodita), y una pedunculada, con una flor neutra y otra masculina (p.ej., *Andropogon*, *Hyparrhenia*, *Sorghum*, *Imperata*, etc.).

Cariopsis

Tras la fecundación, el ovario da lugar a un fruto de tipo cariopsis (fig. 36; del griego *karyon*, nuez, y *opsis*, con apariencia de), una clara sinapomorfía de la familia[192], y en el que es característica la íntima adherencia o fusión en buena parte del pericarpo y la testa de la semilla[193], de tal forma que ambos son indisociables. No obstante, se conocen también frutos de tipo baya (p.ej., *Melocanna*, *Dinochloa*, *Olmeca* y *Ochlandra*, géneros todos de bambusoideas)[194], que pueden llegar a medir más de 10 cm (p. ej., en *Melocanna bambusoides*)[195], y frutos en los que de manera excepcional no hay adherencia entre el pericarpo y la testa de la semilla, y que se interpretan de tipo aquenio o nuez[196], si la consistencia del pericarpo es dura, como en algunas bambusoideas (p.ej., *Dendrocalamus*, *Schizostachyum*)[197], o utrículo cuando es blanda. De este último tipo son los frutos de *Eleusine*, *Crypsis* y *Sporobolus*, en los que el pericarpo se gelatiniza

190 Connor (1979)
191 Connor (1979 & 1981)
192 Judziewicz & Clark (2007)
193 Guérin (1899), Izaguirre & Laguardia (1987)
194 Sendulsky *et al.* (1987)
195 Stapf (1904)
196 Sendulsky *et al.* (1987)
197 Sendulsky *et al.* (1987)

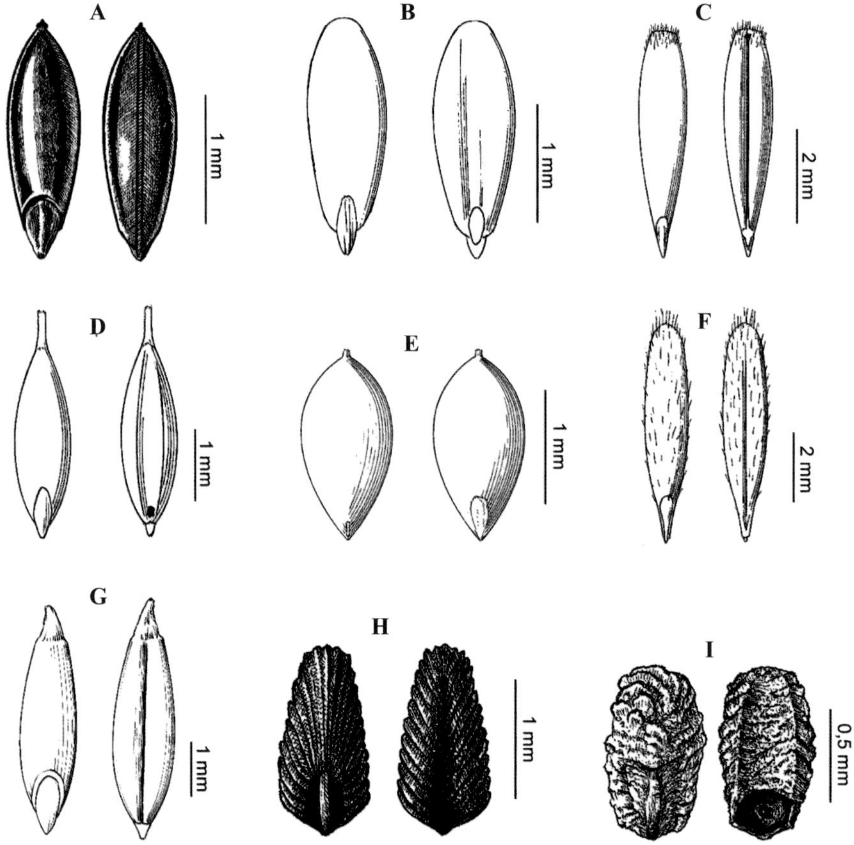

Fig. 36.- Tipos de cariopsis (tomados de *Flora iberica*, con permiso): vista dorsal (izq.) y ventral (dcha.). A, *Melica ciliata* subsp *magnolii*; B, *Ventenata dubia*; C, *Helictochloa pratensis* subsp. *amethystea*; D, *Sclerochloa dura*; E, *Catabrosa aquatica*; F, *Avena barbata* subsp. *castellana*; G, *Hordeum marinum*; H, *Eleusine indica;* I, *Dactyloctenium aegyptium.*

al humedecerse y deja entonces en libertad a la semilla. En la actualidad algunos autores hacen referencia a la cariopsis indicando sus variaciones (bacoide, foliculoide, etc.)[198].

Las cariopsis son libres o bien, con cierta frecuencia, pueden estar más o menos adheridas o envueltas por la pálea o incluso por esta y el lema, y desprenderse así, como es común, por ejemplo, en muchas paniceas. Su forma es muy variable, pues las hay fusiformes, elipsoidales, ovoides y obovoides, a veces comprimidas dorsiventralmente, con la cara dorsal más o menos convexa y la ventral a menudo deprimida y en la que se aprecia el hilo, muy variable, unas veces linear e incluso extendiéndose

198 Sendulsky *et al.* (1987)

en buena parte del fruto y otras ovado, circular o incluso punctiforme, cuya relación con el tamaño total del fruto es de interés taxonómico. El pericarpo puede ser glabro o peloso, a veces solo hacia el ápice, en el que a veces también puede persistir un apéndice que no es sino un vestigio del estilo o de las ramas estigmáticas (en este caso doble), a veces como un ala estrecha que puede facilitar la dispersión anemócora, como en *Ammochloa*. Es característico en los frutos de las gramíneas su abundante endosperma, hialino y farinoso[199] (a veces líquido, con abundancia de lípidos[200]), rico en hidratos de carbono (hasta el 90%, sobre todo almidón) y, en menor medida, en proteínas, de gran importancia en la panificación (p.ej., trigo y centeno) y en la elaboración de bebidas alcohólicas tras procesos de fermentación (la cebada en cervecería, el arroz para la elaboración del sake, la caña de azúcar para la del ron, etc.).

También constituye una sinapomorfía en la familia el embrión[201] (fig. 37), muy característico[202], que aparece por lo general en posición lateral respecto al endosperma o tejido nutricio triploide, ocupando un espacio muy variable en el interior de la cariopsis y visible por el lado dorsal de esta. Presenta una expansión superior o *escutelo* y un *coleóptilo* –estructura a modo de capuchón– que lo protege; el primero, del que parten las enzimas hidrolíticas que disgregan el endosperma, se interpreta como el cotiledón[203], y el segundo es considerado por algunos autores como la primera hoja (en algunas gramíneas es abierto y llega a tener una verdadera lámina) y por otros, como la vaina del escutelo[204]; en algunas gramíneas aparece en la cara opuesta al escutelo un pequeño apéndice denominado *epiblasto* (del que carecen las panicoideas y arundinoideas), que algunos autores han interpretado como un cotiledón vestigial y otros como un apéndice de la coleorriza. El tamaño del embrión respecto a la cariopsis es muy variable, y también los detalles de su sección longitudinal y transversal, estableciéndose diversos modelos que han sido relacionados con los distintos grupos taxonómicos[205] y que pueden sintetizarse en una fórmula que incluye también detalles sobre la primera hoja de la plántula[206].

199 Tateoka (1962)
200 Rosengurtt *et al.* (1971)
201 Judziewicz & Clark (2007)
202 Bruns (1892), Guignard (1961)
203 Coulter (1915), Negbi (1984)
204 Sendulsky *et al.* (1987)
205 Reeder (1957), Mladá (1977), Bhanwra (1988)
206 Tzvelev (1976), Clayton & Renvoize (1986)

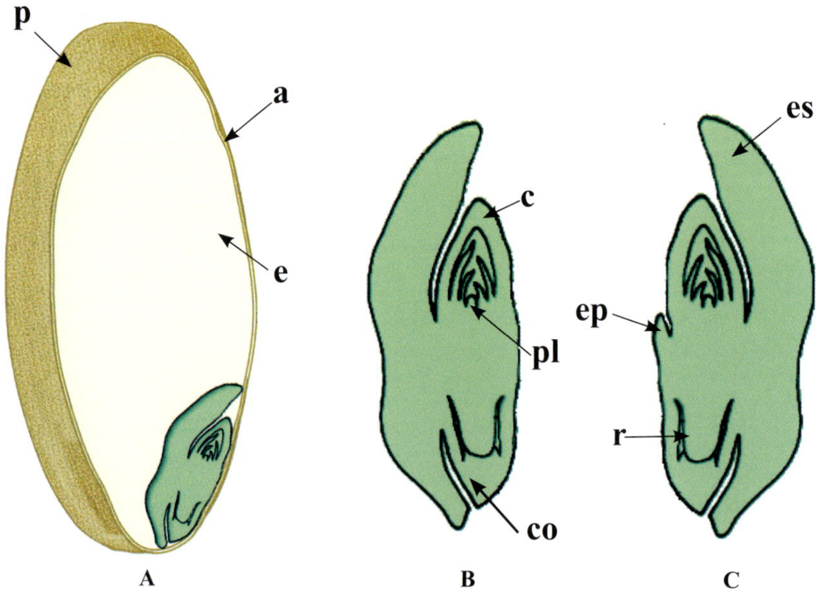

Fig. 37.- Embrión. A, cariopsis idealizada mostrando la ubicación del embrión magnificado. B y C, detalle de embrión. Abreviaturas: a, capa de aleurona; c, coleóptilo; co, coleorriza; e, endosperma; ep, epiblasto; es, escutelo; p, pericarpo; pl, plúmula; r, radícula (primordio). Dibujos: GM.

V. REPRODUCCIÓN

Multiplicación vegetativa

En lo concerniente a la reproducción, muchas gramíneas perennes pueden propagarse vegetativamente a partir de los brotes que aparecen en la base de los tallos (de manera intravaginal o extravaginal), que pueden extender considerablemente la planta o incluso originar tras rotura nuevas plantas clónicas; también, la existencia de estolones y el mayor o menor desarrollo del rizoma en las plantas perennes pueden facilitar tanto la extensión como la proliferación, tras su rotura, de nuevos individuos. De la importancia de este sistema cabe destacar, por ejemplo, que el rizoma de una sola planta de *Festuca rubra* puede llegar a alcanzar 250 m de longitud y una edad de 400 años, y que un rodal de *F. ovina* puede llegar a tener un diámetro de 8 m y 1.000 años de antigüedad[207]. Con el mismo interés, cabe destacar los bulbos (p.ej., *Poa bulbosa,* con las vainas de las hojas basales engrosadas) y tubércu-

207 Heywood (1985)

los (p.ej., *Micropyropsis tuberosa*, algunas especies de *Arrhenatherum*, etc.)[208] que presentan algunas gramíneas, en el último caso por engrosamiento de entrenudos basales del tallo tras la acumulación de sustancias de reserva –fundamentalmente almidón–, aunque esto también tiene lugar en los rizomas (p.ej., en *Arundo donax*).

No es infrecuente encontrar en algunos géneros de gramíneas, como por ejemplo *Festuca, Poa, Agrostis, Deschampsia*, *Arrhenatherum*, *Holcus*, *Dactylis*[209], etc., especies que convierten la espiguilla en un brote con hojas susceptible de desprenderse de la planta madre y originar nuevos individuos, una estrategia de reproducción asexual conocida como *pseudoviviparismo* o *proliferación vegetativa* (fig. 38), que resulta ventajosa en condiciones ambientales estresantes y que es relativamente frecuente en regiones templadas y frías[210]. En las zonas templadas la manifestación del fenómeno parece estar mediatizada al menos por el fotoperiodo y, de hecho, puede ser inducida experimentalmente alterando las condiciones de iluminación[211]. Mucho más raro en las gramíneas es el *viviparismo*, esto es, la germinación in situ de las semillas, sin que haya dormición, un fenómeno del que se conocen solo muy pocos ejemplos, entre ellos algunos bambúes y *Spartina townsendii*[212].

En muchas gramíneas con gran capacidad para formar céspedes, la propagación vegetativa compensa en gran medida la incapacidad de los tallos floridos de formar frutos o la escasez de frutos maduros y viables. A menudo estas plantas dirigen sus recursos a aumentar su expansión al principio y solo producen tallos floríferos en estaciones posteriores.

Reproducción sexual

Con independencia de la modalidad anterior, cabe destacar que la reproducción sexual constituye el mecanismo más importante, lo que en las gramíneas anuales tiene lugar al final de su corto ciclo biológico y que en casi todas las perennes se repite cada año, excepto en muchos bambúes. El éxito de la reproducción sexual se ve favorecido por el predominio del hermafroditismo, si bien no entraña necesariamente que haya autogamia pues, con mucha frecuencia (p.ej., *Secale cereale*, *Phalaris coerulescens*, *Cynosurus cristatus*, *Lolium multiflorum, L. pe-*

208 Clark & Fisher (1987)
209 García-Villaraco & Rivas-Ponce (1988)
210 Clark & Fisher (1987), Harmer & Lee (1978)
211 Langer & Ryle (1958)
212 Langer & Ryle (1958)

Fig. 38.- Inflorescencia pseudovivípara en *Poa bulbosa*. Foto: JA.

renne, etc.), hay un mecanismo de autoincompatibilidad gametofítica[213] que bloquea la formación del tubo polínico a nivel del estigma y fuerza la reproducción cruzada[214], muy extendida en gramíneas y más frecuente al parecer en las especies perennes que en las anuales[215]. La base genética de la autoincompatibilidad fue descrita por Lundqvist[216] en el centeno (*Secale cereale*), un modelo que se ha comprobado con posterioridad en otras muchas especies[217]. El fenómeno está controlado por series multialélicas de dos loci, denominados S (S_1, S_2, S_3, etc.) y Z (Z_1, Z_2, Z_3, etc.), o incluso tres (locus T, como en *Phalaris coerulescens*), que se segregan independientemente. En este modelo, la ausencia de alelos comunes entre el genotipo del gametófito masculino y del esporófito femenino entraña una compatibilidad total, la existencia de un par de alelos en común una compatibilidad del 75%, la del 50% cuando hay dos, etc. También común en las gramíneas es que haya autocompatibilidad y, por tanto, capacidad de autofecundación.

En las gramíneas se conoce además la cleistogamia, es decir, que

213 Frankel & Galun (1977)

214 Connor (1987), Heslop-Harrison & Heslop-Harrison (1987), Hayman (1992)

215 Bauman *et al.* (2000)

216 Lundqvist (1954)

217 Connor (1979)

las espiguillas no se abran para exponer las flores (faltan a menudo las lodículas que facilitan el proceso), un fenómeno que entraña necesariamente la autogamia y cuya frecuencia es mayor en aquellas gramíneas que viven en condiciones extremas, como sucede en muchas especies de *Poa*, *Vulpia*, *Festuca* y *Deschampsia*, sobre todo en regiones muy frías[218]. En este caso, para que la reproducción sexual sea posible es necesaria la ausencia de autoincompatibilidad y, desde luego, el fenómeno es independiente de la exposición de las espiguillas (que pueden aparecer en partes hipogeas o encerradas en las vainas foliares), ya que está prácticamente asegurada la fecundación, razón por la que a menudo estas flores presentan menor número de estambres y anteras de escaso tamaño. Así, por ejemplo, las especies españolas de la sección *Loretia* del género *Vulpia* son autoincompatibles y presentan flores casmógamas con 3 estambres, mientras las de la sección *Vulpia* son autocompatibles y presentan flores cleistógamas con un solo estambre[219].

Agamospermia

La agamospermia o apomixis, es decir la formación de semillas sin que haya mediado un proceso sexual (meiosis y fecundación), constituye un fenómeno bastante común en muchas familias de plantas (Asteraceae, Rosaceae, etc.), incluidas las gramíneas, y entre estas sobre todo las panicoideas (p.ej., *Panicum*, *Paspalum*, *Setaria*, *Cenchrus*, *Sorghum*), aunque también se conoce en cloridoideas (p.ej., *Bouteloua*) y pooideas (p.ej., *Poa*, *Calamagrostis*, etc.)[220]. Por lo general, el fenómeno sucede aquí tras formación de sacos embrionarios aposporeos con 4 núcleos diploides (el de la ovocélula y tres más, que se corresponden con los de las sinérgidas y uno polar, o bien el de una sinérgida y dos polares), formándose la nueva semilla por *partenogénesis* a partir de la ovocélula diploide, sin mediar la fecundación o anfimixis[221], aunque en algunas gramíneas es necesario que un gameto masculino se una con uno o los dos núcleos polares del saco para que se forme el endosperma (*pseudogamia*). El fenómeno, que al final produce individuos que no difieren genéticamente de la planta materna, puede ser facultativo y estar mediado por las condiciones ambientales, como ya se indicó en

218 Connor (1987)
219 Cotton & Stace (1977)
220 Stebbins (1950 & 1972)
221 Brown & Emery (1958)

Dichanthium[222] y otros géneros; a veces la poliplodía y la *pseudogamia* propician también la existencia de apomixis[223].

Dispersión de frutos y germinación

Respecto a la dispersión de los frutos, estos lo hacen a menudo protegidos por todas o algunas de las piezas de la espiguilla, o ligados a macrofragmentos de la inflorescencia lo que, por lo general, no contribuye a grandes alejamientos de la fuente emisora[224]. Sin duda, glumas, lemas y páleas tienen a menudo gran importancia en la dispersión de la diáspora o el fruto, sobre todo en aquellos casos en que persisten en o junto a dichas estructuras.

El viento es un agente dispersante de gran importancia en la familia. Son muy frecuentes y llamativas las adaptaciones que favorecen la *anemocoria*, ya se trate de una *meteoroanemocoria* (diásporas voladoras) o de *anemogeocoria* (se transportan individuos enteros o partes de ellos, como las infrutescencias globulares de *Spinifex* spp. en Indonesia y Australia, las madejas de espiguillas aristadas en *Stipa* spp., etc.). No es de extrañar, pues, el desarrollo y la abundancia de estructuras que favorezcan el transporte, como las aristas de las piezas de la espiguilla[225], en este caso facilitando una dispersión mejor y, adicionalmente, con interés epizoócoro, como ocurre en las especies de *Aegilops* y en las glumas y lemas de las flores estériles en el caso de *Hordeum*. A veces, con la misma finalidad, las aristas son pelosas (*plumosas*), como en muchas especies de *Aristida* y *Stipa*, y también las glumas y los lemas pueden presentar un indumento de pelos largos, e incluso los artejos de la raquilla o el pedúnculo de la espiguilla como se observa, por ejemplo, en especies de los géneros *Arundo* (en los lemas), *Imperata* (en los pedúnculos de las espiguillas), *Phragmites* (en la raquilla). La anemocoria también puede verse favorecida si las piezas de la espiguilla forman parte de la diáspora y son livianas, o aladas como en *Phalaris*, *Hilaria*, etc.

Otros sistemas de dispersión, aunque de menor importancia en la familia, han propiciado también notables adaptaciones, como por ejemplo el desarrollo de aristas largas y estructuras pelosas, que facilitan el transporte de las diásporas por los animales. Cabe mencionar entre ellas

222 Knox (1967)
223 Connor (1979)
224 Davidse (1987)
225 Clayton (1990)

Fig. 39.- Transporte de fragmentos de inflorescencia de *Hordeum* sp. por la hormiga *Messor barbarus*. Foto: JA.

las setas escábridas en las ramas secundarias de la inflorescencia (*Setaria*) o el involucro de setas heteromorfas inserto en el pedúnculo de las espiguillas (*Cenchrus*), adaptaciones que facilitan la epizoocoria por mamíferos (mamaliocoria). No obstante, este mecanismo es frecuente también en especies de zonas palustres (p.ej., *Glyceria*) cuyas diásporas pueden ser vehiculadas por aves anátidas en los restos de lodo de sus patas. La existencia de pericarpos carnosos (en algunas *Bambusoideae*) y el consumo intencionado de frutos que sean resistentes a los jugos gástricos (p.ej., *Oryzopsis, Phalaris, Milium*, *Cenchrus*, *Digitaria*, etc.)[226], facilitan la sinzoocoria sobre todo por parte de las aves, sin menoscabo del consumo de cariopsis inadaptadas a la digestión pero que ocasionalmente puedan también aparecer en heces y contribuir a la diseminación, al igual que pueden hacerlo las consumidas de manera no intencionada durante el pastoreo (endozoocoria accidental). La mirmecocoria o dispersión por hormigas (fig. 39) también se conoce en el grupo, y sucede con mayor frecuencia en aquellas especies que tienen *eleosomas*, unas estructuras carnosillas y con ácidos grasos volátiles detectables por las

226 Gardener *et al.* (1993)

hormigas, como en muchas especies de *Melica*[227], en las que aparece como un órgano claviforme que culmina las espiguillas y está formado en este caso por 2-3 lemas engrosados (fig. 40 A), o como sucede en *Danthonia decumbens*, que presenta dos eleosomas en la base de las quillas de la pálea[228] (fig. 40 B). En otros casos, el gran desarrollo de las aristas en las piezas florales puede facilitar su flotación y arrastre por el agua en el caso de especies hidrócoras (p.ej., en *Echinochloa*), aunque también las hay que propagan en este medio fragmentos de su inflorescencia, como sucede en especies de los géneros *Glyceria* y *Oryza*.

De gran importancia también son los variados mecanismos desarrollados para asegurar el establecimiento de las plántulas, a veces tan sofisticados como los que presentan especies de *Aegilops*[229], *Avena* y *Stipa*, en las que la conformación física de sus aristas y sus respuestas a los cambios de humedad[230] facilitan la reptación o el asentamiento por enterramiento de sus diásporas (*tripanocarpia*), como se demostró experimentalmente en *Triticum diccocoides*[231] y en *Hesperostipa spartea*[232], propiciando en muchos casos un especial posicionamiento de la diáspora respecto del suelo, su retención en el microrrelieve y la posterior germinación, que facilitan también la orientación de los pelos del callo y su rápida hidratación[233]. En el caso de *Stipa tenacissima* se ha comprobado en el sureste de España que las hormigas de tres especies del género *Messor* se alimentan de sus frutos pero que seleccionan las diásporas sin arista frente a las que las poseen; la presencia de arista previene en este caso la predación, y de esta se libran también las diásporas ya enterradas[234].

De especial interés para facilitar el asentamiento son la sinaptospermia y la basicarpia. La sinaptospermia es la liberación conjunta de frutos o fragmentos enteros de inflorescencias (*Aegilops* spp., *Triticum* spp., *Cenchrus* spp., etc.), fenómeno que favorece la retención de agua por parte de la diáspora y que facilita consiguientemente la germinación, a menudo escalonada (p.ej., *Aegilops* spp.), y que palia la desventaja de la yuxtaposición de las plántulas; a veces hay diferente capacidad de

227 Mayer (2009)
228 Ortega *et al.* (2020)
229 Marañón (1987)
230 Murbach (1900), Pijl (1982)
231 Elbaum *et al.* (2007)
232 Molano-Flores (2012)
233 Peart (1979, 1981 & 1984)
234 Schöning *et al.* (2004)

Fig. 40.- Eleosomas. A, *Melica minuta* subsp. *latifolia,* cuerpo eleosómico distal. B, *Danthonia decumbens*, eleosomas de la pálea. Fotos: FV.

germinación en los frutos incluidos en la diáspora (*heteroblastia*)[235]. También, al menos en *Aegilops*, la morfología de la diáspora sinaptospérmica –base de la espiga rígida y aguzada, y disposición de los pelos de las aristas– facilita su fijación y enterramiento tras el pisoteo por los animales[236]. Respecto a la basicarpia, que no es sino el desarrollo de frutos bajo el suelo y que es particularmente frecuente en enclaves semidesérticos, hay que resaltar su importancia de cara a la protección de los frutos frente a la acción de los fitófagos (p.ej., en *Enneapogon* spp., *Cleistogenes* spp., *Stipa* spp., etc.).

La germinación de la cariopsis (fig. 41) puede ser efectiva a poco que se den las condiciones adecuadas de humedad y temperatura (si no se dan pueden pasar una fase de latencia más o menos prolongada), pero en muchas gramíneas puede estar regulada por algún tipo de dormición[237], un fenómeno fisiológico que optimiza la estratificación en el tiempo de la germinación dentro de una población de semillas. Entre los más de 70 géneros de gramíneas en que el reposo ha sido detectado se cuentan algunas bambusoideas, lo que podría apuntar hacia la pronta adquisición del carácter en la familia, por las muchas ventajas que conlleva en un medio tan variable y cambiante como el terrestre. Esta pausa tiene importantes ventajas adaptativas, pues evita la germinación prematura en presencia de agua, da tiempo a que el transporte tenga lugar y, sobre todo, permite evitar la competencia con otras plantas y superar las condiciones ambientales desfavorables a la germinación. La luz, a través de su actuación sobre el sistema fitocromo (probablemente presente en la mayor parte de las semillas de las gramíneas) y la temperatura, son los dos factores más importantes que controlan el fenómeno. En las gramíneas, el reposo puede a veces retrasar la germinación incluso hasta 25 años (p.ej., en *Avena fatua*), siempre y cuando las semillas estén albergadas en medio seco y se mantenga la integridad estructural y fisiológica del embrión.

Durante la germinación tiene lugar la aparición de la raíz embrionaria (o radícula) y la emergencia del coleóptilo que cubre y protege la plúmula, y a veces también del entrenudo entre el coleóptilo y la primera hoja que comienza a desarrollarse[238]. En muchas gramíneas, como las pooideas, el coleoptilo crece desde la cariopsis enterrada hasta alcanzar

235 Datta *et al.* (1979), Pijl (1982)
236 Marañón (1987)
237 Simpson (1990)
238 Hoshikawa (1969)

Fig. 41.- Cariopsis de trigo germinada. Foto: JA.

y atravesar la superficie del suelo, y las primeras raíces adventicias se producen en su base. En otras, como muchas panicoideas y cloridoideas (p.ej., *Eragrostis*), la cariopsis forma al germinar un entrenudo que se alarga y acerca a la superficie del suelo el nudo del que finalmente parte el coleóptilo, y es entonces cuando las raíces caulinares se forman a partir de aquel[239] (véase página 31).

Nada más emerger del suelo el coleóptilo, comienza el desarrollo de la primera hoja, cuya morfología tiene interés taxonómico y responde por lo general a dos modelos básicos: con la primera hoja estrecha y casi vertical (plántula de tipo *festucoide*), común en muchas pooideas, o bien ancha –oblongo-ovada, ovada, lanceolada, etc.– y dispuesta de manera horizontal o ascendente (plántula de tipo *panicoide*), frecuente en panicoideas y otros grupos[240], aunque hay gramíneas que presentan un modelo de tipo intermedio. La ramificación del tallo primario de la plántula tiene lugar en un nudo basal o un conjunto apretado de ellos que emiten raíces adventicias y forman las hojas, en cuya axila se ubi-

239 Jones (1985)
240 Kuwabara (1969)

can las yemas que dan lugar a las ramas, ya sea de manera *intravaginal* o *extravaginal*. En el primer caso las yemas se desarrollan verticalmente y las ramas que producen permanecen dentro de la vaina, mientras que la ramificación extravaginal tiene lugar cuando las yemas laterales se desarrollan horizontalmente y las ramas que producen atraviesan la vaina de la hoja axilante, desarrollándose a veces de manera notable y originando largos rizomas[241].

VI. EVOLUCIÓN Y ESPECIACIÓN

Entre los mecanismos genéticos que han propiciado la especiación y diversificación de las gramíneas, además de los inherentes a la recombinación durante la meiosis, de las mutaciones génicas y cromosómicas y de los fenómenos de heterotopía[242], hay que destacar la hibridación, la aneuploidía y la poliploidía, fenómenos que han hecho posible la notable variabilidad morfológica, estructural y fisiológica existente en la familia tras la acción continuada de la selección natural.

Respecto de las mutaciones génicas cabe señalar que, de afectar a las estructuras reproductoras, pueden entrañar novedades que podrían llegar a fijarse –si no sufren un proceso selectivo en su contra– y dar lugar a variaciones morfoestructurales y fisiológicas de importancia. En la familia se conocen mutaciones que a veces marcan diferencias notables y que pueden estar, sin embargo, bajo el control de un único gen. Un ejemplo en este sentido lo constituye la inflorescencia del maíz (*Zea mays* subsp. *mays*), que difiere de la de su posible planta de origen (*Z. mays* subsp. *parviglumis*, el teosinte) en varios caracteres y alguno de ellos, como por ejemplo la forma en que se disponen las espiguillas en la inflorescencia (apareadas vs. solitarias), parece estar regulado por un solo gen. Igualmente, la presencia y posición de las flores femeninas y estériles (o espiguillas con estas características) constituye una pauta de gran interés evolutivo en la familia que podría estar controlada por uno o pocos genes. Así, en las Andropogoneae es típica la aparición en la inflorescencia de espiguillas apareadas, una sésil y hermafrodita, y otra pedunculada, masculina o estéril y, sin embargo, en las especies de *Sorghum* no es infrecuente la aparición de mutantes en los que las flores masculinas presentan pistilos bien conformados, carácter controlado por un único gen recesivo. Un fenómeno análogo sucede en las cebadas

241 Tzvelev (1976)
242 Kellogg (2000)

(*Hordeum vulgare* en sentido amplio), en las que las espiguillas unifloras se disponen en grupos de tres en sendas filas, originando o bien dos filas de frutos (al ser la central hermafrodita y las laterales masculinas o estériles) o bien 4 o 6 filas (solo las laterales o todas las espiguillas hermafroditas), tratándose también de un gen recesivo el que origina la manifestación de esta última expresión (véase el capítulo VIII).

Sin duda, la dotación cromosómica es uno de los caracteres más variables en el grupo y permite inferir cuáles han sido los mecanismos (mutaciones cromosómicas, poliploidía, disploidía, etc.) que han propiciado la diversidad observada. En las gramíneas el número cromosómico oscila entre $2n = 2x = 6$ (*Iseilema* sp.) y $2n = 38x =$ c. 265 (*Poa* sp.)[243], y es casi siempre un múltiplo de los números básicos $x = 2, 4, 5, 6, 7, 8, 9, 10, 11, 12, 14, 15, 16, 17$ y 19. De acuerdo con Stebbins[244], los números básicos $x = 5, 6$ y 7 estarían presentes en las gramíneas primitivas extintas y a partir de ellos se habrían originado los restantes (números básicos secundarios) mediante ganancias o pérdidas cromosómicas (aneuploidía), o por duplicación del genoma, de tal forma que hoy en día hay tanto diploides de los números básicos primitivos como, sobre todo, muchos diploides funcionales de carácter secundario. Los números básicos más comunes son $x = 7$ en las pooideas, $x = 9$, 10 en las panicoideas y cloridoideas, y $x = 12$ en las arundinoideas, bambusoideas y orizoideas[245]. Por otro lado, hay muchísimos ejemplos de géneros en los que existen números cromosómicos muy diversos, una variación que refleja la importancia que han tenido los fenómenos citogenéticos en la evolución de sus especies, como sucede, por ejemplo, en *Festuca*, donde se ha detectado una enorme variación, con $2n = 14, 28, 56, 70, 84$ y 98 cromosomas, es decir, desde diploides ($2x$) hasta tetradecaploides ($14x$)[246], o en *Helictochloa*, género con menos especies pero con una gama completa de niveles de ploidía desde diploides ($2n = 2x = 14$) hasta octodecaploides ($2n = 18x = 126$) o con recuentos superiores ($2n = 133$; c. 146) de difícil interpretación[247]. El tamaño de los cromosomas varía enormemente en la familia, aunque se observan algunas tendencias entre subfamilias[248] y la simetría cromosómica es frecuente, como lo

243 De Wet (1987)
244 Stebbins (1985)
245 De Wet (1987)
246 Martínez-Sagarra *et al.* (2021)
247 Romero-Zarco (2020)
248 Stebbins (1956)

es también la presencia de cromosomas accesorios (cromosomas B), que pueden influir sobre la mayor o menor formación de quiasmas –o nada– durante la meiosis[249].

Tan variable como el número cromosómico es el tamaño genómico (*genome size*) o valor C, entendido este como la cantidad de ADN existente en el núcleo haploide, expresado en picogramos (1 pg = 10^{-12} g) o como número de pares de bases (por lo general megabases, 1 pg = 978 Mb), que es constante o característico de cada especie, aunque puede variar notablemente entre ellas. Se trata de un índice no necesariamente ligado a la complejidad de los organismos[250], ya que depende de muchos factores (cantidad de ADN repetitivo, duplicación genómica, transposiciones, poliploidía, etc.)[251], aunque sí hay un aumento del mismo al pasar de seres procariotas a eucariotas. En las angiospermas su tamaño varía extraordinariamente, desde 1C = 0,06 pg (*Genlisia tuberosa*)[252] a 1C = 152,2 pg (*Paris japonica*)[253, 254], pero en las gramíneas en particular suele ser pequeño[255].

En esta familia el tamaño genómico puede diferir hasta en 36 órdenes de magnitud cuando se comparan los genomas diploides más pequeños (*Oropetium thomaeum*) y los más grandes (*Psathyrostachys fragilis*)[256]. Se ha estimado que el tamaño genómico en las pooideas ancestrales podría estar en torno a 2C = 3,5 pg y, según algunos autores, este valor habría aumentado constantemente en los grupos más derivados, alcanzando valores de 2C = 10,7 pg o incluso mayores en las triticeas ("one way ticket to genetic obesity"); sin embargo, dentro de la familia se ha observado también disminución en algunos géneros que pondrían en duda la hipótesis de obesidad genómica unidireccional[257]. A pesar de lo anterior, en las gramíneas actuales también pueden existir variaciones considerables –hasta de 8 órdenes de magnitud– en el tamaño genómico dentro de las subfamilias (por ejemplo, las pooideas presentan los mayores valores mientras que son menores en las cloridoideas) e incluso entre clados de un mismo género, variaciones que indican lo rápido que

249 Hunziker & Stebbins (1987)
250 Levin (2002)
251 Šmarda & Bureš (2010)
252 Fleischmann *et al.* (2014)
253 Pellicer *et al.* (2010)
254 Bennett & Smith (1976), Bennett & Leitch (1997)
255 Soltis *et al.* (2018)
256 Gaut (2002)
257 Soltis *et al.* (2018)

varía la cantidad de ADN en la familia y su estrecha relación con su evolución y filogenia, al menos en algunos linajes. Estos cambios rápidos en la cantidad de ADN se deben en buena parte a la acumulación de retrotransposones y otras secuencias repetitivas, así como a cambios en el contenido de genes o al número de copias de ellos propiciados por fenómenos de duplicación genómica o poliploidización, siendo muchos los estudios que han encontrado una correlación positiva entre el tamaño genómico y el número de cromosomas. La técnica de citometría de flujo (*flow cytometry method*, FCM) permite estimar el tamaño genómico de forma fácil, rápida y a bajo coste, y en los últimos años se ha erigido como una herramienta eficaz para inferir indirectamente el nivel de ploidía en los poliploides sin necesidad de hacer conteos cromosómicos (observación directa) o como apoyo a estos[258]. No obstante, estas inferencias han de hacerse con cierta cautela toda vez que se han indicado procesos de pérdida genómica y reducción del tamaño genómico (*downsizing*)[259] tras la formación de poliploides de forma que, en estos casos, la cantidad de ADN no aumentaría en proporción directa con la ploidía[260].

La hibridación es el fenómeno por el cual se combinan genomas de individuos de especies diferentes, lo que no es extraño en las gramíneas dada la aleatoriedad que existe en el proceso de la polinización. De esta manera pueden formarse así nuevas combinaciones que, de ser viables en la naturaleza, propician la aparición de individuos que combinan caracteres de ambos parentales, la mayoría de las veces infértiles. Especial interés tiene la hibridación cuando se combina con la poliploidía (se duplica el genoma híbrido), ya que en este caso la duplicación de los cromosomas aportados por cada parental permite el apareamiento entre los cromosomas homólogos y la descendencia está asegurada. La hibridación puede tener lugar entre organismos diploides, entre diploides y poliploides o entre poliploides, lo que da origen a multitud de combinaciones, con diferente grado de ploidía y viabilidad. El éxito de superviviencia de los nuevos poliploides dependerá de su habilidad para competir con sus parentales por los hábitats disponibles.

La poliploidía es, pues, un fenómeno que entraña la duplicación de genomas completos (*whole genome duplication*, WGD) y, por tanto, de

258 Vilhar *et al.* (2002), Kron *et al.* (2007), Chumová *et al.* (2015), Mereďa *et al.* (2019), Pellicer *et al.* (2010)
259 Leitch & Bennett (2004), Leitch & Leitch (2008)
260 Lysak & Dolezel (1998), Jacob *et al.* (2004), Price *et al.* (2005), Šmarda *et al.* (2008)

cromosomas, y propicia procesos de especiación muy rápidos[261]. Este fenómeno es extraordinariamente frecuente en las gramíneas, en las que se estima que más del 80% de las especies son poliploides[262], al menos en su origen, en su mayor parte paleopoliploides que se comportan citogenéticamente como diploides[263]. Su incidencia puede ser de más del 90% en géneros como *Stipa*, del 86% en *Poa* y hasta del 70% en *Festuca* y *Glyceria*, por citar algunos de los ejemplos más destacados. Aunque se conocen poliploides de muy alto nivel ($2n = 38x = 263\text{-}265$ en *Poa litorosa*; $x = 7$), los más frecuentes son los tetraploides ($2n = 4x$), ya sean de origen autopoliploide o alopoliploide, en su mayoría diploidizados[264]. El éxito de los autotetraploides (y de los autopoliploides en general) respecto de los diploides que les han dado origen radica en su condición tetrasómica, su mayor diversidad isoenzimática, la mayor variabilidad mutacional, etc., pero tienen el inconveniente de que las meiosis suelen ser irregulares por la formación de multivalentes. Su capacidad para cruzarse y originar combinaciones totalmente novedosas y su facilidad para propagarse mediante mecanismos asexuales, son factores que los hacen más competitivos que sus diploides de origen a la hora de colonizar nuevos hábitats[265] (las glaciaciones del Cuaternario constituyen un buen ejemplo en este sentido, al igual que los ecosistemas perturbados por el hombre). El éxito de los alopoliploides, por el contrario, radica en la ventaja heterozigótica resultante de la combinación de genomas más o menos diferentes tras hibridación, combinaciones muchas veces inviables (en función del mayor o menor alejamiento genético) y que resultan estabilizadas tras la duplicación de las dotaciones cromosómicas aportadas por cada parental. La formación de los poliploides es un proceso muchas veces recurrente[266], y la manifestación externa que delata a muchos de ellos es, al menos en los autopoliploides, el gigantismo o mayor tamaño respecto de los diploides, no siempre expresado macromorfológicamente, y sí en algunos microcaracteres, como los granos de polen o los estomas[267].

Los verdaderos poliploides (autopoliploides), es decir, los originados por duplicación del genoma en una misma población (p.ej., por

261 Grant (1963)
262 Hunziker & Stebbins (1987), Masterson (1994)
263 Levy & Feldman (2002)
264 Grant (1981), Soltis & Soltis (2000)
265 Stebbins (1985)
266 Soltis & Soltis (2000)
267 Masterson (1994), Vilhar *et al.* (2002)

fusión de gametos no reducidos), contribuyen poco a la especiación[268]. Aun así, existen en la naturaleza y suelen ocupar nichos diferentes a los de los diploides. Las dificultades que derivan de la formación de multivalentes en la meiosis y su efecto negativo por la formación de gametos muy desiguales, desaparecen con la diploidización del genoma, que explica la existencia en muchos géneros de series de números cromosómicos que se corresponden con diferentes niveles de ploidía; existen también muchos ejemplos de autopoliploides obtenidos artificialmente[269]. Mucho más frecuentes y exitosos son los alopoliploides[270], originados a partir del híbrido formado entre dos especies o ecótipos diferentes al duplicarse su genoma, lo que puede tener una extraordinaria trascendencia en la especiación y diversificación. De ello existen muchos ejemplos en las gramíneas, algunos clásicos, como el de *Dactylis glomerata*, con razas diploides y poliploides ($2n$ = 14, 28, 42, 56)[271], no siempre fácilmente distinguibles desde el punto de vista morfológico y, por lo general, tratadas como subespecies. Muchas veces los complejos poliploides pueden incrementar su *pool* genético mediante hibridación e introgresión, como ocurre en el complejo de *Aegilops umbellulata*[272]. Un caso llamativo de evolución en un complejo poliploide lo constituyen los trigos, en este caso ligado a su domesticación y con la participación de genomas de especies de un género diferente: *Aegilops* (véase Capítulo VIII, Interés económico).

No cabe duda de que la rápida variación en las gramíneas del contenido de ADN y del número de cromosomas son evidencias de la evolución de su genoma, y que la presencia de genes duplicados ofrece numerosas combinaciones genéticas novedosas que pueden ser beneficiosas para su supervivencia. En muchos casos, hay un reflejo morfológico (órganos de mayor tamaño, el efecto "gigas"), fisiológico (p.ej., mayor tolerancia al estrés biótico o abiótico), ecológico (p.ej., mayor amplitud de nicho), etc. Algunas de las cualidades de los poliploides han propiciado que se haya inducido la poliploidía o empleado poliploides naturales para la obtención de cultivares mejorados con más éxito en el mercado (frutos, tubérculos o raíces más grandes, tolerancia a la sequía, producción de variedades sin semillas, etc.)[273].

268 De Wet (1987)
269 Stebbins (1971)
270 Soltis & Soltis (2000)
271 Stebbins (1971)
272 Stebbins (1971)
273 Sattler *et al.* (2016)

VII. IMPORTANCIA DE LA ACTIVIDAD HUMANA EN LA EVOLUCIÓN Y DIVERSIFICACIÓN DE LAS GRAMÍNEAS

Tal vez una de las primeras interacciones de los seres humanos con las plantas durante el Paleolítico, además del consumo de frutos, semillas o raíces, tuvo lugar cuando utilizaban el fuego para ahuyentar enemigos naturales, dirigir la caza o aumentar los espacios abiertos que la favorecieran, alterando así la vegetación natural y propiciando la aparición de espacios deforestados, muy adecuados para la vida de las gramíneas. Es posible, incluso, que algunas gramíneas se beneficiasen de la acción del fuego al germinar mejor cuando el suelo había sido calentado. De hecho, actualmente se conocen especies en las que así sucede, como *Themeda triandra* y *Rottboellia exaltata*[274].

Hace mucho más de 10.000 años los seres humanos hacían recolecciones selectivas de plantas para autoconsumo, entre ellas la de algunos cereales, actividad que por esa época daría paso a la agricultura, cuyo conocimiento y práctica irradiaría desde Oriente Medio al resto de Europa[275]. A partir de entonces, muchas poblaciones humanas cambiaron su continuo nomadeo, propio de las sociedades de cazadores-recolectores, por una vida más sedentaria, ligada a los recursos que derivan de la actividad agrícola y también del pastoreo, de aparición casi simultánea, y ambas prácticas entrañaron desde aquel momento una notable perturbación del medio en aras de aumentar la superficie apta para las labores agrícolas y ganaderas. Como consecuencia de ello, no solo aumentaría el interés por las plantas susceptibles de ser cultivadas, muchas de ellas gramíneas, sino también el aumento progresivo de la deforestación (otra vez el fuego fue su mejor aliado), y en los nuevos hábitats generados las gramíneas encontrarían muy buenas condiciones para su asentamiento y diversificación. Esta proliferación de nuevos hábitats abiertos aceleraría sin duda el proceso evolutivo en el grupo, pues en las nuevas condiciones se propiciaría el predominio de algunos taxones frente a otros y la introducción de especies en regiones muy alejadas de su área original.

En la Región Mediterránea y Oriente Próximo, lugares en los que se desarrollaron importantes civilizaciones, hay un buen ejemplo de la colonización por gramíneas de los hábitats originados tras la perturbación antrópica de los ecosistemas. En particular, en el género *Aegilops* se

274 Harlan (1982)
275 Preece *et al.* (2017)

conoce un complejo poliploide en el que las especies diploides (*A. umbellulata*, *A. comosa*, *A. speltoides*, *A. caudata*, etc.; $2n = 14$) viven en las regiones del este del Mediterráneo, y las tetraploides (*A. biuncialis*, *A. triuncialis*, *A. triaristata*, etc.; $2n = 28$), más agresivas y originadas a partir de aquellas, han colonizado además los enclaves arvenses y ruderales de buena parte de los países de la Región Mediterránea[276].

De manera natural, ocurren fenómenos de hibridación entre especies que entran en contacto debido a la influencia humana, por ejemplo cuando una de ellas se introduce lejos de su área de origen y llega a coexistir en algunos lugares con otras autóctonas. Del fenómeno hay buenos ejemplos en el género *Spartina*, entre varias de sus especies en diversas partes del mundo[277]. Uno de ellos tuvo lugar entre *S. maritima*, con número cromosómico $2n = 60$ y buena representación en las zonas intermareales de las costas Atlánticas de Europa y África, y *S. alterniflora* ($2n = 62$), originaria de las costas atlánticas del norte de América e introducida en las costas de algunos países europeos, como Gran Bretaña, Francia y España. En Gran Bretaña se conoce la presencia de *S. alterniflora* desde el año 1829, y en 1880 se dio a conocer en las costas inglesas un híbrido con $2n = 61$ cromosomas entre *S. maritima* y la "recién llegada", que fue descrito como *S.* × *townsendii*[278]; más tarde se detectaría también la existencia de su alopoliploide derivado, *S. anglica* ($2n = 122$), actualmente introducida vigorosamente en las costas de Bélgica, Dinamarca, Alemania, Irlanda y Holanda[279]. Otro ejemplo, este en el suroeste de la Península Ibérica, tiene lugar entre *S. maritima*, autóctona en el territorio, y *S. densiflora* ($2n = 70$), una especie invasora nativa de la costa oriental de Sudamérica, cuya coexistencia aquí ha dado lugar al menos a dos nuevos híbridos[280].

Sobre el influjo de la especie humana en la evolución y diseminación del grupo a través de la selección indirecta de semillas puede resultar muy ilustrativo el mimetismo de muchas especies[281]. Cuando, por ejemplo, se seleccionan granos de cereale, resulta a veces imposible lograr una pureza absoluta de la muestra, de tal forma que junto con los granos deseados pueden persistir algunos otros de especies indeseables, de morfología y tamaño más o menos similar. Gracias a ello, muchas

276 Stebbins (1956)
277 Harlan (1982), Ainouche *et al.* (2003 & 2009)
278 Groves & Groves (1880), Marchant (1967)
279 Hubbard (1968), Raybould *et al.* (2001 a, b)
280 Infante *et al.* (2019)
281 Harlan (1982)

malas hierbas han difundido sus diásporas a buena parte del mundo, y en el origen de este éxito no hay sino una presión de selección por parte del hombre, que ha favorecido indirectamente la fijación de variantes con alto grado de mimetismo carpológico con algunas plantas cultivadas. Un buen ejemplo lo constituye el caso de *Echinochloa oryzicola*, cuyos frutos acaban siendo dispersados junto con los granos de arroz y ello explica la notable difusión del taxón en los arrozales de muchos lugares del mundo, si bien solo es nativa probablemente de China y del sudeste de Asia.

Finalmente, en lo concerniente a la domesticación de especies silvestres, la acción humana se ha dejado sentir especialmente en la selección de especies de interés por el beneficio, por ejemplo, de sus frutos, y dentro de ellas, de aquellos individuos con caracteres que pudieran mejorar su potencialidad agronómica, a veces frontalmente contrapuestos a los que son deseables para la supervivencia en hábitats naturales. En este proceso, de manera indirecta, se han favorecido también especies relacionadas e incluso otras gramíneas que como malas hierbas acompañan a su cultivo[282]. Mediante estos procesos de selección se han obtenido nuevas especies o variantes de las silvestres en las que el síndrome de la domesticación se refleja en el mayor tamaño de la inflorescencia o en la capacidad de producir mayores frutos, aunque menos numerosos; la maduración sincrónica de los frutos; la no desarticulación de las espiguillas, para favorecer así la liberalización conjunta de los granos; la inexistencia de piezas aptas para favorecer la dispersión por el viento y, por supuesto, la eliminación de la dormición o reposo de las semillas, en aras de favorecer la sincronía en la germinación de las plantas en los cultivos. Resultado de este proceso selectivo son plantas como el maíz, el arroz, el trigo, la avena y otros muchos cereales, que suministran casi el 65% de las calorías que la humanidad consume, y directa o indirectamente más de la mitad de las proteínas, y cuya importancia para el desarrollo de diversas culturas que han florecido a lo largo de la historia es innegable: el trigo y la cebada, en Oriente Medio y Europa, el sorgo en el este de África, el mijo y el arroz en el este de Asia y el maíz en América Central y Perú.

VIII. INTERÉS ECONÓMICO

La familia comprende géneros de extraordinario interés pascícola, como *Festuca*, *Poa*, *Vulpia*, *Bromus*, *Agrostis* y *Lolium*, entre otros

282 Harlan (1982)

muchos, que incluyen gran número de especies silvestres comunes en pastos climácicos, seriales e incluso en herbazales de ambientes más o menos antropizados, algunas de las cuales han sido mejoradas genéticamente con objeto de obtener, para su aprovechamiento ganadero, ecótipos mucho más resistentes y con mayor producción de biomasa. Muchas especies de *Festuca* y *Poa*, por ejemplo, se utilizan para reforzar praderas o potenciar céspedes. De especial interés en pastos sobre suelos oligótrofos en la Península Ibérica es la grama cebollera (*Poa bulbosa*), planta con gran facilidad para propagarse vegetativamente y tapizar los suelos donde se desarrolla –a menudo en combinación con el trébol subterráneo, *Trifolium subterraneum*–, propiciando así el desarrollo de buenos pastos en las dehesas lusitanas, extremeñas y de Andalucía occidental, favorecidos además por la interacción con el ganado ovino.

Algunas gramíneas poseen interés por el aprovechamiento que se hace de ellas en algunas regiones, como sucede con el albardín (*Lygeum spartum*) y, sobre todo, con *Stipa tenacissima*, muy utilizadas en el sur y sureste de España para la obtención del esparto, de utilidad en cordelería, cestería, calzados, etc. De interés también son la caña de Indias (*Arundo donax*), planta originaria probablemente del sur de Asia y naturalizada en muchos países; la caña de azúcar (*Saccharum officinarum*), probablemente la primera gramínea cultivada extensivamente, y que en España se cultiva localmente en algunas zonas del litoral granadino; la citronela (*Cymbopogon nardus*) y el *lemongras* (*C. citratus*), ambas cultivadas en áreas tropicales y que son fuente de los aceites esenciales de igual nombre; los bambúes (*Bambusa* spp., y otros géneros afines), con utilidad en cestería, carpintería y construcción. También, las gramíneas se cultivan a menudo por su interés ornamental en parques y ajardinamientos, en este caso sobre todo por la vistosidad de su hábito, tamaño y follaje (p.ej., *Cortaderia selloana*, *Arundo donax*, *Phragmites australis*, *Tripidium ravennae*); para la delimitación de zonas (p.ej., *Phyllostachys* spp., *Bambusa* spp., *Arundinaria* spp.); por la coloración de sus hojas (p.ej., *Miscanthus sinensis*); por la vistosidad de sus inflorescencias (p.ej., las ya citadas por su hábito y tamaño), y otros muchos usos en céspedes (p.ej., *Cynodon dactylon*, *Stenotaphrum secundatum*), rocallas (p.ej., *Festuca* spp.), estanques (p.ej., *Glyceria* spp.), etc[283].

Pero sobre todo, el mayor interés por las gramíneas recae en el aprovechamiento de los cereales, fuente de alimento para los seres humanos

283 Oakes (1990)

y el ganado, y cuya historia comenzó unos 10.000 años atrás, sin menoscabo de la recolección preferencial previa de algunas de sus especies silvestres. Tanto es así que los cereales fueron objeto desde muy pronto de una veneración casi religiosa, como religioso es también el origen de su nombre en castellano, derivado de Ceres, la diosa que dio a los romanos el conocimiento de la agricultura y el trigo. Entre ellos, por orden de producción mundial, destacan el maíz, el arroz, el trigo, la cebada, el sorgo, el mijo, la avena y el centeno, cuyos frutos son una fuente importante de hidratos de carbono y también, aunque en menor medida, de proteínas y vitaminas.

El maíz (*Zea mays* subsp. *mays*, fig. 42) es planta que los pueblos precolombinos cultivaban extensivamente desde Canadá hasta la Patagonia[284], y que fue traída a Europa por Cristóbal Colón en su segundo viaje (en 1494) e introducido más tarde en Asia por los exploradores portugueses[285]. Es planta anual y diploide ($2n = 20$, en realidad un alotetraploide diploidizado), de gran talla (es el más grande de todos los cereales) y que no existe silvestre, ya que es incapaz de perpetuarse por sí misma: los granos no se desprenden de la inflorescencia femenina madura (mazorca), que está totalmente envuelta por brácteas, en la que persisten ensamblados y densamente yuxtapuestos –formando hileras–, y de no ser este el caso la competencia entre las plántulas impediría el éxito reproductivo. Su domesticación tuvo lugar tal vez hace unos 9.000 años en Méjico[286], probablemente a partir de *Zea mays* subsp. *parviglumis*[287], un teosinte silvestre anual –también los hay perennes–, igualmente diploide, del sur de Méjico y Guatemala, con el raquis de la inflorescencia femenina frágil y con dos filas de granos. Los procesos de selección fijaron la aparición de mazorcas más grandes, con granos desnudos, persistentes y dispuestos en muchas hileras sobre el raquis de la inflorescencia u olote –no desarticulable–, que caracterizan al maíz[288]. Hoy día, el maíz es probablemente el cereal más importante, y se cultiva en las zonas templadas, tropicales y subtropicales. De él se conocen numerosas cultivariedades, que difieren en las características de los frutos o granos, que son de interés sobre todo en la alimentación del ganado (además de tallos y raquis de mazorcas como forraje) y muchísimo menos en la humana por su

284 López Bellido (1991)
285 Hill (1965)
286 Matsuoka *et al.* (2002)
287 Iltis (1987)
288 Meyerowitz (1994)

Fig. 42.- *Zea mays* subsp. *mays*. Foto: JA.

escasa riqueza en gluten (en algunos países americanos se hacen con harina de maíz tortillas, migas, gachas, etc.)[289], así como para abonos, derivados industriales y otros usos.

El arroz (*Oryza sativa*, fig. 43) es una de las más de 20 especies, anuales o perennes, que integran el género *Oryza* y que se extienden por las regiones tropicales de todo el mundo, muy especialmente por el sur de China, sudeste asiático, Australasia e India, también en África y en el centro y sur de América[290]. De la especie se conocen más de 10.000 cultivariedades, que se explotan hoy día en las zonas tropicales y en las partes bajas de las zonas templadas de todo el mundo, estimándose que más del 40% de la población mundial basa su sustento en el cultivo de esta planta[291], cuyos granos se utilizan además para la elaboración de vinagre y otras bebidas alcohólicas de fermentación, entre ellas el *sake*; además sus pajas pueden trenzarse para hacer sombreros y otros objetos. La domesticación de esta planta, un paleopoliploide ($2n = 24$) anual que se comporta como un diploide, tuvo lugar hace más de 7.000 años, probablemente a partir de la especie silvestre *O. rufipogon*, muy extendida por el sur y el sudeste asiático (hasta Australia), y tal vez de manera independiente en momentos y áreas distintas: primero, en China (*O. sativa* subsp. *japonica*, de grano corto) y después en la India (*O. sativa* subsp. *indica*, de grano largo). Fue Alejandro Magno (siglo IV a.C.), tras su incursión por el sur de Asia, quien lo dio a conocer en Europa, pero fueron los árabes quienes acabarían verdaderamente difundiendo su cultivo en el norte de África y España. Otro arroz cultivado, aunque de menor importancia y valor comercial, es *O. glaberrima*, domesticado de manera independiente en el oeste de África unos miles de años después, tal vez a partir de *O. barthii*[292], y donde se sigue cultivando de manera puntual.

El trigo o, mejor, los trigos (*Triticum* spp.), son cereales cuyo cultivo, junto con el de la cebada, está ligado a los comienzos de la agricultura en Oriente Próximo, hace unos 10.000 años, un conocimiento que irradió hacia occidente y alcanzó la Península Ibérica hacia el año 4000 a.C. Del género se conocen unas 18 especies, aunque actualmente existe la tendencia a reducirlas a solo cuatro con diversas subespecies. Buena parte de ellas son nativas en el suroeste de Asia, donde ya en épocas anteriores a las prácticas agrícolas algunas de las especies debieron ser objeto de una reco-

289 Hill (1965), Blanco *et al.* (1991)
290 Vaughan (1989)
291 López Bellido (1991)
292 Callaway (2014)

Fig. 43.- *Oryza sativa*. Foto: JA.

lección preferencial para su consumo[293], como por ejemplo *T. monococum* y *T. dicoccum*, especies silvestres –también cultivadas– interfértiles, con espiguillas desarticulables y cariopsis encerradas entre las piezas florales (granos "vestidos", carácter que controla un único gen o un conjunto de ellos). La domesticación del trigo, que tuvo lugar en el Creciente Fértil, entrañó la selección de especies en las que las espigas no fueran quebradizas, al objeto de facilitar su recolección, y que presentaran los granos o frutos desnudos. Se originaron así nuevos trigos, muchos de ellos cultivados en la actualidad en buena parte del mundo por el valor nutritivo de sus frutos (mayor que en cereales como el maíz, cebada y arroz), cuya harina se emplea para la elaboración del pan y otros usos, y cuya paja puede ser utilizada para forraje o en actividades artesanales.

293 Arranz-Otaegui *et al.* (2018)

Las especies de trigo conocidas pueden agruparse por su número cromosómico en tres grupos. Hay trigos diploides (2*n* = 14), como *T. monococcum* (fig. 44), con granos vestidos y espigas no desarticulables, y *T. boeoticum*, silvestre y con raquis desarticulable; trigos tetraploides (2*n* = 28), silvestres y con grano vestido, como por ejemplo *T. dicoccoides* y *T. araraticum*, cultivados y con granos vestidos, como por ejemplo *T. timophevii* y *T. dicoccum*, o bien con granos desnudos, como *T. durum*, *T. turgidum* y *T. polonicum*; y por último trigos hexaploides (2*n* = 42, trigos *dinkel*), ninguno silvestre, con granos vestidos (p.ej., *T. spelta*, fig. 45, y *T. vavilovii*) o con granos desnudos, como por ejemplo *T. aestivum* (fig. 46) y *T. compactum*. Entre todos, los más ampliamente cultivados son el trigo de pan (*T. aestivum*, 2*n* = 42) y el trigo duro (*T. turgidum*, 2*n* = 28), este último usado sobre todo para la elaboración de pastas[294].

Los trigos constituyen un complejo poliploide cuyo análisis genómico ha puesto de manifiesto que en su formación se han producido fenómenos de hibridación y posterior poliploidización, en los que han intervenido especies del género *Aegilops*[295]. Así, en las especies diploides solo hay dos dotaciones cromosómicas (denominadas por convención AA) que se repiten en las alopoliploides complementadas con las dotaciones cromosómicas aportadas por especies silvestres de *Aegilops* (BB, a partir de *A. speltoides*; DD, a partir de *A. tauschii*); en las tetraploides, el genoma es de tipo AABB (p.ej., en *T. dicoccoides*) y en las hexaploides AABBDD (p.ej., en *T. aestivum*). Su domesticación a partir de trigos silvestres diploides y con la intervención de especies silvestres de otros géneros, fue un proceso largo e íntimamente ligado al origen de la agricultura en el suroeste de Asia, que ha dejado mucha huella en el registro arqueológico. Los progenitores de los trigos diploides cultivados fueron plantas silvestres de la misma especie; *T. diccocoides* fue el progenitor silvestre de los trigos tetraploides cultivados con granos vestidos –de los que derivarían los de grano desnudo– y en el origen del alohexapoliploide *T. aestivum* está la hibridación entre *T. turgidum* (AABB) y *Aegilops speltoides*[296].

La cebada es uno de los cereales más utilizados desde el Neolítico en la Región Mediterránea, donde es tan antiguo como el trigo, y su uso generalizado se vio favorecido por su mejor adaptación a suelos

294 López Bellido (1991)

295 Breiman & Graur (1995), Miki *et al.* (2019), Petersen *et al.*(2006)

296 Zohary & Hopf (1993)

Fig. 44.- *Triticum monococcum*. Foto: JA.

Fig. 45.- *Triticum spelta*. Foto: JA.

Fig. 46.- *Triticum aestivum*. Foto: JA.

más pobres y bajo condiciones más secas[297]. El nombre se aplica a las especies del género *Hordeum*, tanto silvestres –aunque no les faltan a menudo nombres más populares– como cultivadas, sobre todo *H. distichon* –cebada de dos carreras, fig. 47–, *H. hexastichon* –cebada de seis carreras– y *H. vulgare* (en sentido estricto), la cebada de cuatro carreras, nombre vulgar en los tres casos que alude a las filas de flores capaces de formar fruto. En efecto, en las especies silvestres del género *Hordeum* las espiguillas se disponen siempre en grupos de tres alternantes en cada nudo de la espiga, todas ellas unifloras, pero mientras que la central de cada triada es hermafrodita y fértil, y formará fruto en su momento, no lo harán la flores de las espiguillas laterales, pues su condición es masculina o estéril. En las especies cultivadas, la formación de fruto también en las flores laterales es la que justifica el síndrome de cuatro o de seis carreras, y la consiguiente mayor producción de frutos. Las tres especies son diploides ($2n = 14$) y se cultivan por el interés de sus frutos para hacer pan y en la alimentación del ganado, pero sobre todo por su uso industrial en la elaboración de la cerveza[298]. De las distintas especies de cebada se conocen numerosas cultivariedades obtenidas por selección, ya que a veces la simple mutación de algunos genes provoca cambios espectaculares[299]. De hecho, la mutación de un solo gen está en el origen de que las flores laterales se hagan fértiles, y dos genes adyacentes controlan que el raquis de la espiga, que es quebradizo en las especies silvestres, se haga rígido y no se desarticule, etc., expresiones sin duda seleccionadas en el proceso de domesticación de las especies cultivadas. Tal vez por ello y por ser interfértiles, algunos autores tienden a reconocer las especies citadas como meras subespecies de *H. vulgare*, lo que parece muy razonable, aunque el uso agronómico haya popularizado su reconocimiento como especies. Del género se conocen a nivel mundial unas 43 especies[300], anuales o perennes, con representación en casi todos los continentes, algunas de ellas viviendo a más de 4.500 metros de altura en los Andes y el Himalaya[301], pero fue el suroeste de Asia donde al parecer tuvo lugar la domesticación de la cebada (tal vez en dos ocasiones diferentes)[302] a partir de *H. vulgare* subsp. *spontaneum*, el progenitor silvestre

297 Zohary & Hopf (1993)
298 Hill (1965), López Bellido (1991)
299 Zohary & Hopf (1993)
300 Soreng *et al.* (2017)
301 Bothmer *et al.* (1991)
302 Blattner (2018)

Fig. 47.- *Hordeum distichon*. Foto: JA.

(con dos carreras) común en el este de la Región Mediterránea y el suroeste de Asia.

El sorgo (*Sorghum bicolor*), junto con la cebada, es el cuarto cereal en importancia a nivel mundial, sobre todo por el uso de sus granos en la alimentación animal y humana (esta sobre todo en África y Asia), aunque también se aprovechan para la elaboración de bebidas, y las partes vegetativas como forraje, para la obtención de fibras, etc. Es una hierba anual y diploide (2*n* = 20), muy resistente al calor y sequía, de la que se conocen diversas cultivariedades[303] y cuya domesticación tuvo lugar en África a partir de sorgos silvestres[304], tal vez *S. arundinaceum*, probablemente en la banda de vegetación coincidente con la sabana subsahariana[305]. Se tienen datos arqueológicos de su cultivo en el 3500-3000 a.C. en Sudán[306], 2500 a.C. en Omán y 2000-1800 a.C. en India[307], subcontinente desde donde se difundiría nuevamente a muchos otros lugares.

El mijo verdadero es *Panicum miliaceum*, aunque con la misma denominación se conocen también otras especies de diferentes géneros (p.ej., *Setaria italica*, *Echinochloa frumentacea*, *Eleusine coracana, Pennisetum glaucum*) que se cultivan de manera esporádica sobre todo en algunas regiones de África y Asia[308]. El mijo de pan (*P. miliaceum*), es una planta tetraploide (2*n* = 36), anual, que se cultiva en Europa desde tiempo inmemorial[309] y cuyo origen hay que situar, probablemente, en el centro de Asia hace unos 10.000 años[310], aunque no hay certezas sobre qué especie silvestre pudo ser su antecesor ni cuándo tuvo lugar el proceso de poliploidización[311].

El centeno cultivado, *Secale cereale* subsp. *cereale* (fig. 48), se incluye en una de las tres especies[312] que integran el *género* (ocho según algunos autores)[313], unas anuales y otras perennes, casi todas interfértiles[314], y cuya distribución incluye el este de Europa, la Región Mediterránea, el centro, oeste y suroeste de Asia y el sur de África (*S. strictum*

303 Harlan & de Wet (1972)
304 de Wet & Huckabay (1967), de Wet & Harlan (1971), Zohary & Hopf (1993)
305 Zohary & Hopf (1993)
306 Winchell *et al.* (2017)
307 Zohary & Hopf (1993)
308 Hill (1965)
309 Laffranchi *et al.* (2016)
310 Cheng-Bang *et al.* (2015)
311 Hunt *et al.* (2018), Xu *et al.* (2019)
312 Frederiksen & Petersen (1998)
313 Soreng *et al.* (2017)
314 Frederiksen & Petersen (1998)

Fig. 48.- *Secale cereale*. Foto: JA.

subsp. *africanum*). El centeno es una hierba anual y diploide (2*n* = 14), que se cultiva sobre todo en las regiones templadas del viejo mundo (sobre todo en Canadá, Estados Unidos y Japón), particularmente en las regiones más frías (tiene gran resistencia al frío) y en suelos pobres (gran tolerancia a la acidez)[315], sustituyendo muchas veces bajo estas condiciones a los cultivos de trigo. Su uso más generalizado es la utilización de sus frutos en panificación –se elabora con él un pan moreno, de propiedades inferiores al de trigo por su menor cantidad de gluten– y para consumo por el ganado, también en la elaboración de whisky y otros licores, y sus plantas pueden ser empleadas como forraje[316]. Probablemente el centeno se originó en el suroeste de Asia, donde existen varias especies silvestres del género cuyo reconocimiento taxonómico sigue siendo controvertido[317], en las que el raquis es quebradizo (*S. sylvestre*, extendida desde el este de Europa hasta los Montes Altai; *S. strictum* –incl. *S. montanum* y *S. anatolicum*–, desde el sur de España hasta el Mar Caspio, y *S. strictum* subsp. *africanum*, del que solo se conoce una población en el sur de África), o semiquebradizo como en *S. cereale* subsp. *ancestrale* (incl. *S. afghanicum* y *S. vavilovii*), especie extendida desde Turquía hasta el Lago Balkash y a partir de la cual se cree tuvo lugar la domesticación.

Finalmente, en relación con las avenas, señalar que son varias las especies del género *Avena* que se cultivan, todas nativas del Viejo Mundo, entre ellas *A. sativa* (fig. 49) y *A. byzantina,* ambas especies anuales y alohexaploides (2*n* = 42)[318] de las que se conocen múltiples cultivariedades, muchas de ellas fruto de cruces entre ellas; también, aunque de menor importancia, destacar *A. strigosa* (2*n* = 14) y *A. abyssinica* (2*n* = 28). Las avenas hexaploides, cultivadas por su interés en alimentación (sobre todo del ganado) y para forraje, tienen notables afinidades con las silvestres *A. sterilis* y *A. fatua*, también hexaploides; todas son interfértiles entre sí y su conjunto constituye un complejo cromosómico reproductivamente aislado dentro del género[319]. A diferencia de las especies silvestres, las avenas cultivadas retienen las espiguillas, no desarticulables y con aristas más reducidas, y tienen inflorescencias más compactas[320], rasgos que se han detectado en el registro arqueoló-

315 López Bellido (1991)
316 Zohary & Hopf (1993)
317 Frederiksen & Petersen (1998)
318 Liu *et al.* (2017)
319 Zohary& Hopf (1993)
320 Zohary & Hopf (1993)

Fig. 49.- *Avena sativa*. Foto: JA.

gico europeo entre el segundo y primer milenio antes de nuestra era. Su origen, pues, es más reciente que el del trigo o la cebada, y con mucha probabilidad habitaban como malas hierbas en los cultivos de estos antes de que fueran cultivadas[321], un claro ejemplo de domesticación secundaria[322]. El progenitor de todas las especies hexaploides fue *A. sterilis*[323], también con $2n = 42$, y se ha postulado que el centro de origen de *A. byzantina* se ubica en el occidente de la Región Mediterránea (Marruecos y Argelia) y el de *A. sativa* en Asia Menor[324].

IX. SISTEMÁTICA

Las gramíneas se encuadran en el orden Poales (fig. 4 A), que incluye más de un tercio de las monocotiledóneas y alrededor de un tercio de la diversidad de angiospermas, casi la mitad de sus especies pertenecientes a la familia de las Poaceae[325]. Por su distribución cosmopolita y por su diversidad e importancia económica y ecológica, las gramíneas han sido objeto de muchos estudios sobre su clasificación y taxonomía[326], y recibido por ello más atención que otras familias de diversidad parecida o incluso mayor[327]. Su sistemática ha variado notablemente con el tiempo[328], sobre todo en los últimos decenios debido a la valiosa información aportada por los marcadores moleculares para el estudio de la filogenia[329].

La primera clasificación de la familia la efectuó Brown en 1810[330], quien reconoció las subfamilias Festucoideae y Panicoideae sobre la base de las características de las espiguillas. Con posterioridad, en las clasificaciones de las gramíneas se puso especial énfasis en las características de la epidermis de las hojas y la anatomía de la sección transversal del limbo[331], así como en la información sobre el número y tamaño

321 Zohary & Hopf (1993)
322 Fuller & Stevens (2018)
323 Ladizinsky (1998)
324 Loskutov (2008)
325 Bouchenak-Khelladi *et al.* (2014)
326 Clifford & Goodall (1967)
327 Stebbins (1956), Clayton (1981)
328 Krause (1910), Hilu (1985b), Tzvelev (1989)
329 Davis & Soreng (1993), Hilu *et al.* (1999), Hsiao *et al.* (1999), GPWG (2001 & 2012), Hilu (2007)
330 Brown (1810)
331 Prat (1960), Prat & Vignal (1968)

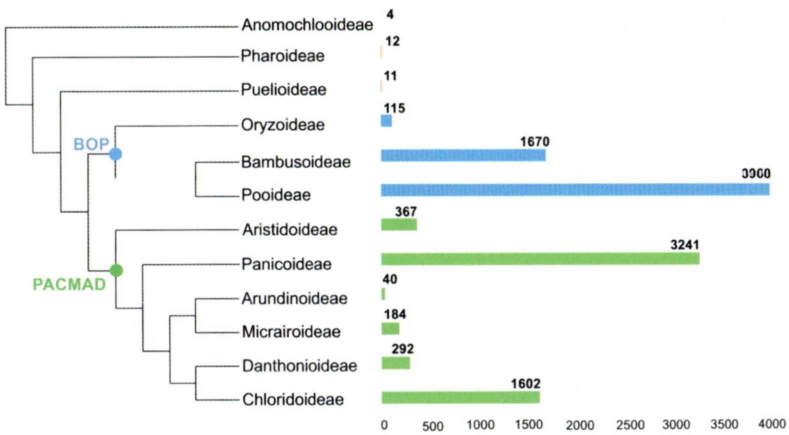

Fig. 50.- Clado de las subfamilias de gramíneas y su diversidad en número de especies (basado en Soreng & al., 2017).

de cromosomas[332], tratando así de reforzar los caracteres morfológicos y reflejar mejor las relaciones genéticas y evolutivas en el grupo[333]. Se propusieron así numerosas subfamilias, cuyo uso ha persistido durante más de 150 años, y bajo muchas de ellas un elevado número de tribus y otras categorías inferiores para incluir toda variabilidad conocida[334].

La última clasificación disponible es la de Soreng y colaboradores[335], quienes han efectuado una clasificación filogenética de la familia a nivel mundial usando marcadores moleculares, y han reconocido 12 subfamilias monofiléticas, de las cuales Anomochlooideae, Pharoideae y Puelioideae constituyen los linajes basales (fig. 50). Las restantes subfamilias se reparten en dos clados, muy diversos y con gran respaldo, conocidos por sus acrónimos: clado BOP, que reúne las subfamilias Bambusoideae, Oryzoideae y Pooideae, y el clado PACMAD, que incluye Panicoideae, Aristidoideae, Chloridoideae, Micraioideae, Arundinoideae y Danthonioideae. En algunas de estas subfamilias reconocen taxones inferiores (en total hasta 7 supertribus, 52 tribus, 5 supersubtribus y 90 subtribus), integradas por un total de 768 géneros y más de 11.500 especies.

332 Stebbins (1956), Tateoka (1960)
333 Stebbins (1956)
334 Bentham (1881), Hitchcock (1935), Hitchcock & Chase (1951), Clayton & Renvoize (1986), Soderstrom & Ellis (1987), Tzvelev (1972 & 1976), Watson & Dallwitz (1992), Judziewicz *et al.* (2000), GPWG (2001 & 2002), Peterson *et al.* (2001), Soreng *et al.* (2003), Zuloaga *et al.* (2003), Kellog (2015)
335 Soreng *et al.* (2015 & 2017)

Subfamilia **Anomochlooideae**

Son hierbas perennes, rizomatosas, con fotosíntesis C3, hojas de limbo lanceolado u ovado y pseudopecíolo largo, con micropelos, y lígula reemplazada por una fila de pelos (no hay lígula externa). La interpretación de sus inflorescencias y de las piezas asociadas a los órganos sexuales es difícil y ha sido objeto de debate y de diferentes interpretaciones. La inflorescencia es espiciforme (en *Anomochloa*) o paniculiforme (*Streptochaeta)*, y en ambos casos las flores no aparecen en espiguillas en el sentido estricto, sino en falsas espiguillas o pseudoespiguillas. Estas son unifloras y hermafroditas, y a los verticilos sexuales preceden en ellas a lo largo del eje floral un conjunto de piezas a modo de brácteas, dispuestas de manera espiralada, muy numerosas en el caso de *Streptochaeta*, y que no se interpretan ni como páleas ni como lemas. Las lodículas faltan, si bien en *A. marantoidea* parecen estar topológicamente sustituidas por un anillo de pelos[336]; el androceo lo integran 4 (*A. marantoidea*) o 6 estambres, y el ovario tiene 1 (*A. marantoidea*) o 3 estigmas. La cariopsis es elipsoidal, con embrión grande o pequeño (*Sterptochaeta*), e hilo linear. Los números básicos de cromosomas son $x = 9, 11$.

Es el grupo hermano de las restantes gramíneas, apoyado tanto por caracteres morfológicos como por las filogenias con marcadores moleculares[337]. Incluye 2 géneros, *Anomochloa* (1 sp.) y *Streptochaeta* (3 spp.)[338], segregados en sendas tribus, ambos con representantes en las zonas tropicales de América. Sin duda, o la aparición generalizada de la espiguilla típica de las gramíneas tuvo lugar con posterioridad a este grupo, o fue un evento anterior y se perdieron caracteres en esta subfamilia[339].

Subfamilia **Pharoideae**

Son hierbas perennes, rizomatosas, con fotosíntesis C3 y hojas de limbo grande y ancho, de elíptico a obovado, resupinado, con pseudopecíolo y venas laterales oblícuas al nervio medio, sin micropelos y con lígula membranácea (sin contralígula). Inflorescencia en panícula, con espiguillas comprimidas lateralmente –no en las femeninas, que a veces pueden estar también comprimidas dorsiventralmente–, uni-

336 Whipple *et al.* (2007)
337 Judziewicz & Soderstrom (1989), Judziewicz & Clark (2007)
338 Soreng *et al.* (2017)
339 Kellogg (2001)

floras, con flores unisexuales –plantas monoicas–, lodículas 2 o 3 o bien inexistentes excepto a veces en las flores masculinas, estas más pequeñas y con 6 estambres; las femeninas sin estambres o reducidos a estaminodios y ovario con 3 estigmas. Cariopsis obovoide, oblonga o linear, con embrión pequeño (*Scrotochloa*) –falta este dato en otros géneros– e hilo linear. El número básico de cromosomas es $x = 12$.

Comprende los géneros *Pharus*, *Leptaspis* y *Scrotochloa*, con 12 especies[340], de las que 7 pertenecen a *Pharus* y son exclusivamente americanas, mientras que las de los otros géneros se distribuyen por las regiones tropicales del Viejo Mundo[341].

Subfamilia **Puelioideae**

Son hierbas perennes, rizomatosas –a veces con raíces tuberizadas, como en *Puelia tuberosa*–, con fotosíntesis C3, tallos ramificados o no superiormente, los floridos con o sin hojas, estas con limbo ovado-lanceolado, con las venas laterales oblícuas al nervio medio y pseudopecíolo, con o sin micropelos, y con lígula membranácea y contralígula presente (*Puelia*) o no. Inflorescencia en panícula o racimo, con espiguillas más o menos comprimidas lateralmente, con 1-6 flores basales neutras o masculinas, y 1 (*Puelia*) o bien 5-12 o incluso más flores hermafroditas (*Guaduella*). Flores con 3 lodículas, 6 estambres libres o monadelfos (*Puelia*) y ovario con 2-3 estigmas. Cariopsis con embrión pequeño e hilo linear. El número básico de cromosomas es $x = 12$.

Las puelioideas son una subfamilia bien apoyada en las filogenias con marcadores moleculares y que incluye solo los géneros *Puelia* y *Guaduella*, con 5 y 6 especies respectivamente[342], todas ellas de África tropical[343].

Subfamilia **Oryzoideae**

Son hierbas perennes o más rara vez anuales, cespitosas, rizomatosas o estoloníferas, con hojas de limbo linear o linear-lanceolado, a menudo con micropelos bicelulares y lígula membranácea. La inflorescencia, racemiforme o paniculiforme, porta espiguillas comprimidas lateralmente, con 1 flor hermafrodita o bien 3 pero las dos basales

340 Soreng *et al.* (2017)
341 Judziewicz & Clark (2007), Soreng *et al.* (2017)
342 Soreng *et al.* (2017)
343 Clark *et al.* (2000)

reducidas o estériles, o bien son plantas monoicas con espiguillas unisexuales, como en *Zizania*, *Zizaniopsis* y *Luziola*. Por lo general tienen 2 lodículas, 3 o 6 estambres y ovario con 2 estigmas. La cariopsis es elipsoidal, ovoide u obovoide, con embrión pequeño e hilo linear, circular o elíptico. Los números básicos de cromosomas son $x = 12, 15$.

Comprende 19 géneros y 115 especies[344], reunidos en 4 tribus, con distribución tropical y en las regiones templadas. Los géneros más diversos son *Oryza* (~21 spp.), *Ehrharta* (~25 spp.) y *Leersia* (~18 spp.). De especial interés agronómico son *Oryza* y *Zizania*. Al primero pertenecen el arroz asiático (*O. sativa*) y el arroz africano (*O. glaberrima*), mientras que *Z. aquatica*, el arroz silvestre, es un cereal menor de importancia en el continente americano[345].

Subfamilia **Bambusoideae**

Las bambusoideas incluyen los bambúes y plantas afines, no menos de 1.670 especies y alrededor de 125 géneros (p.ej., *Bambusa*, *Phyllostachys*, *Chusquea*, *Guadua*, *Melocanna*, etc.)[346]. Son hierbas perennes –muy rara vez anuales– rizomatosas o, con más frecuencia, plantas con tallos de gran tamaño y fuertemente lignificados, a veces trepadoras, con fotosíntesis C3 y hojas dimorfas, las de las partes bajas y medias del tallo reducidas a la vaina, auriculada o no –a veces con setas auriculares–, y las de la parte superior con el limbo desarrollado y a menudo con pseudopecíolo, casi siempre con micropelos digitiformes y, por lo general, con una lígula membranácea –a menudo también con contralígula–. La inflorescencia es muy compleja y ramificada, con espiguillas comprimidas lateralmente y con 1 a numerosas flores hermafroditas, más rara vez unisexuales, cada una de ellas por lo general con 3 lodículas, 2, 3 o 6 estambres (hasta 120 en *Ochlandra*) y ovario con 2-3 estigmas. La cariopsis es pequeña y con hilo linear, más rara vez aqueniforme, nuciforme o en baya[347]. Los números básicos de cromosomas son $x = 7, 9, 10, 11$ y 12.

Aunque desde el punto de vista floral siguen mostrando rasgos de primitivismo, tienen números cromosómicos altos y las características anatómicas de las hojas muestran también algunas singularidades (células tabulares y células fusiformes) que no aparecen en ningún otro grupo[348] y

344 Soreng *et al.* (2017)
345 Dahlgren *et al.* (1985)
346 Bamboo Phylogeny Group (2012), Soreng *et al.* (2017)
347 Dahlgren *et al.* (1985)
348 Clayton & Renvoize (1986), Judziewicz & Clark (2007)

que pueden interpretarse como adaptaciones para ambientes sombríos y húmedos, como especializada puede considerarse igualmente su fisiología de la floración (sincronizada al cabo de muchos años).

Se trata de un grupo claramente tropical, con una muy buena representación en el sur y sureste de Asia[349], y en el que en la actualidad se reconocen tres tribus: Arundinarieae, Bambuseae y Olyreae. Muchos de sus géneros tienen representantes de interés en construcción, cestería, fabricación de muebles, alimentación del ganado (las hojas), etc., y algunas especies de los géneros *Phyllostachys*, *Bambusa*, etc., son muy utilizadas en jardinería. Entre los más diversificados destacan *Chusquea* (~175 spp.), *Bambusa* (~153 spp.), *Fargesia* (~86 spp.), *Yushania* (~86 spp.), *Dendrocalamus* (~66 spp.), *Schizostachym* (~62 spp.), *Gigantochloa* (~63 spp.), *Phyllostachys* (~61 spp.), *Merostachys* (~50 spp.), *Aulonemia* (~47 spp.), *Sasa* (~46 spp.), etc.

Subfamilia **Pooideae**

Comprende hierbas anuales o perennes, cespitosas, rizomatosas o estoloníferas, con fotosíntesis C3 y hojas con limbo linear o linear-lanceolado, sin micropelos (excepto, por ejemplo, en *Nardus* y *Lygeum*) y con lígula membranácea. Las inflorescencias son espiciformes o paniculiformes, laxas o condensadas, más rara vez capituliformes (p.ej., en *Echinaria*), con espiguillas por lo general comprimidas lateralmente, con 1 o numerosas flores hermafroditas o algunas veces al menos la apical masculina o estéril; por lo general con 2-3 lodículas, a menudo hialinas y a veces bilobadas, con 3 estambres (rara vez 1 o 2) y ovario con 2 estigmas. La cariopsis es oblonga, elipsoidal o fusiforme, con embrión por lo general pequeño e hilo punctiforme, elíptico o linear, a veces tan largo como la cariopsis. Los números básicos de cromosomas son $x = 4, 5, 6, 7, 8, 9, 10, 11, 12, 13$.

Es la subfamilia más diversificada. Incluye cerca de 202 géneros y unas 3.968 especies[350], con distribución sobre todo en las zonas templadas de ambos hemisferios, aunque extendida también a las zonas tropicales y con buena presencia en las altas montañas[351]. En la actualidad se reconocen en ella 15 tribus, de las que la tribu Poeae es la más grande e incluye géneros de gran importancia en praderas y pastos de diverso tipo, entre ellos *Poa*, *Festuca, Lolium, Dactylis, Vulpia*, *Ave-*

349 Cross (1980)
350 Soreng *et al.* (2017)
351 Hartley (1973), Cross (1980), Clayton & Renvoize (1986)

na, Koeleria, Bromus, etc. De interés también es la tribu Triticeae, que incluye algunos de los géneros más importantes desde el punto de vista agronómico, entre ellos *Hordeum, Triticum* y *Secale* (ver Capítulo VIII). Entre los géneros más diversos de la subfamilia destacan *Festuca* (~610 spp.), *Poa* (~550 spp.), *Elymus* (~241 spp.), *Agrostis* (~224 spp.), *Bromus* (~165 spp.), *Nassella* (~117 spp.), *Puccinellia* (~116 spp.), *Calamagrostis* (~114 spp.), *Stipa* (~110 spp.), *Melica* (~92 spp.), *Koeleria* (~70 spp.), *Glyceria* (~48 spp.), *Hordeum* (~43 spp.), etc.

Subfamilia **Aristidoideae**

La integran unas 367 especies en solo 3 géneros, *Aristida*, *Sartidia* y *Stipagrostis*, reunidos en una única tribu[352]. Son hierbas anuales o perennes, cespitosas o rizomatosas, con fotosíntesis C4 (C3 en *Sartidia*) y hojas con limbo por lo general linear o linear-lanceolado, sin micropelos y con lígula reemplazada por una línea de pelos. La inflorescencia, en panícula, sustenta espiguillas unifloras que pueden estar o no comprimidas lateralmente, y en las que destaca un carácter que solo presentan las especies del grupo, como es la inserción apical en los lemas de una arista con tres brazos o de 3 aristas, enteramente glabras (*Aristida*, *Sartidia*) o plumosas al menos en su parte media (*Stipagrostis*). Las flores tienen por lo general 2 lodículas membranáceas (a veces faltan), (1)3 estambres y ovario con 2 estigmas. La cariopsis es fusiforme, con embrión grande e hilo corto o largo y linear. El número básico de cromosomas es $x = 11$.

La subfamilia es fundamentalmente pantropical, con una buena representación en los reinos Afro-Arábico y Australiano[353], donde sus especies son muy exitosas como pioneras gracias al tipo predominante de fotosíntesis (C4) y la eficacia de sus aristas en la dispersión[354]. El género más diversificado es *Aristida* (~305 spp.), casi cosmopolita, en el que la mayoría de sus especies presentan una vaina doble en los haces vasculares, un rasgo excepcional entre las plantas C4 y que lo separa también de las especies de *Stipagrostis* (~56 spp.).

Subfamilia **Panicoideae**

Son hierbas anuales o perennes, cespitosas, rizomatosas o estoloníferas, con fotosíntesis de tipo C4 o con menos frecuencia C3, que presentan

352 Clayton & Renvoize (1986), Soreng *et al.* (2017)
353 Cross (1980)
354 Clayton & Renvoize (1986)

hojas con limbo por lo general linear o linear-lanceolado, siempre con micropelos y lígula estrechamente membranácea, a veces ciliada o incluso reemplazada por una línea de pelos, más rara vez inexistente. La inflorescencia puede ser en panícula o racimo, con menor frecuencia es compleja y está integrada por varios racimos unilaterales que pueden aparecer digitados en el extremo de los tallos o esparcidos a lo largo del mismo. Las espiguillas, que están comprimidas dorsiventralmente, son casi siempre bifloras, con la flor inferior masculina o estéril (a veces puede incluso faltar) y la superior hermafrodita, con la peculiaridad de que su lema se hace cartilaginoso y duro en la madurez; la mayoría de las veces aparecen solitarias pero en una de sus tribus (Andropogoneae) las espiguillas forman parejas –o tríos, en el extremo de las ramas– en las que la espiguilla basal es sésil y hermafrodita, y la apical masculina y pedunculada. Las flores tienen por lo general 2 lodículas membranáceas o carnosillas, 3 estambres y ovario con (1)2(3) estigmas. La cariopsis es elipsoidal, oblongo-ovada o subglobosa, con embrión grande e hilo linear, elíptico o punctiforme. Los números básicos de cromosomas son $x = 9$, 10, aunque existen también números intermedios o incluso superiores.

Es una de las subfamilias más fáciles de reconocer por sus características florales, y la segunda en importancia por su diversidad, ya que incluye 247 géneros y unas 3.241 especies reunidas en 13 tribus[355]. Su representación es fundamentalmente tropical[356], si bien es desigual la importancia de sus tribus en los distintos ámbitos geográficos (por ejemplo, las paniceas son más abundantes en América, y las andropogoneas en el sureste asiático)[357]. Entre los géneros con mayor número de especies destacan *Paspalum* (~310 spp.), *Digitaria* (~271 spp.), *Panicum* (~155 spp.), *Cenchrus* (~120 spp., incl. *Pennisetum*), *Setaria* (~115 spp.), *Axonopus* (~105 spp.), *Urochloa* (~100 spp., incl. *Brachiaria*) y *Echinochloa* (~33 spp.), algunos de ellos con representantes que se han difundido como malas hierbas mucho más allá de sus lugares de origen. También hay que destacar que pertenecen a ella especies con gran importancia agronómica (véase Capítulo VIII), como el maíz (*Zea mays*), el sorgo (*Sorghum bicolor*), las lágrimas de Job (*Coix lacrima-jobi*) y la caña de azúcar (*Saccharum officinarum*), y algunos géneros incluyen especies de interés en droguería (*Cymbopogon*) y jardinería (*Stenotaphrum*, *Melinis*, etc.).

355 Soreng *et al.* (2017)
356 Cross (1980)
357 Hartley (1958 a, b)

Subfamilia **Arundinoideae**

Las arundinoideas son hierbas anuales o perennes, cespitosas, rizomatosas o estoloníferas, a veces con los tallos endurecidos, con fotosíntesis C3 y hojas con limbo linear o linear-lanceolado, con micropelos digitiformes y lígula membranácea, ciliolada o reemplazada por una fila de pelos. Presentan inflorescencias en panícula, con espiguillas comprimidas lateralmente, con 2 o más flores hermafroditas (rara vez 1) o a veces la basal o la apical estériles, cada una de ellas por lo general con 2 lodículas carnosillas (1 en *Anisopogon*), 3 estambres y ovario con 2 estigmas. La cariopsis es elipsoidal, a veces con el pericarpo desprendible en la madurez (como en *Molinia*), con embrión grande e hilo punctiforme o linear. Los números básicos de cromosomas son $x = 9, 12$.

Se incluyen aquí 16 géneros y unas 40 especies[358], reunidas en dos tribus y con distribución fundamentalmente subtropical[359]. Especial mención merecen los géneros *Arundo* y *Phragmites*, que contienen especies con tallos endurecidos (cañas) y de gran desarrollo, sobre todo *A. donax*, la caña de Indias, probablemente originaria del sur de Asia y ampliamente cultivada en jardinería, también por el amplio uso que se hace de sus tallos (p.ej., en construcción, para cañizos y secaderos agrícolas, para instrumentos musicales, etc.) y por su capacidad de estabilizar márgenes de corrientes de agua con sus poderosos rizomas.

Subfamilia **Micrairoideae**

Incluye hierbas anuales o perennes, cespitosas, rizomatosas o estoloníferas, con fotosíntesis C3 o C4 (*Eriachne*) y hojas insertas excepcionalmente en espiral (*Micraira*), con limbo linear, linear-lanceolado u ovado, a veces pungente y en ocasiones caedizo (*Isachne*), con micropelos digitiformes y lígula reemplazada por una fila de pelos o inexistente. Inflorescencia en panícula o racimo. Las espiguillas están comprimidas lateralmente y tienen por lo general 2 flores hermafroditas (1 en *Sphaerocaryum* y en una especie de *Coelachne*) aunque a veces la inferior es estéril o la superior femenina, cada una por lo general con 2 lodículas membranáceas o carnosillas (a veces faltan, como en *Micraira*), 2-3 estambres y ovario con 2 estigmas. La cariopsis es elipsoidal, con embrión grande o pequeño e hilo linear, redondeado u ovado. El número básico de cromosomas es $x = 10$.

358 Soreng *et al.* (2017)
359 Cross (1980)

Comprende 8 géneros y 184 especies, reunidos en tres tribus (Micraireae, Eriachneae e Isachneae)[360]. Se trata de una subfamilia con distribución paleotropical, sobre todo en Asia y con una buena representación en Australia.

Subfamilia **Danthonioideae**

Comprende hierbas anuales o perennes, cespitosas o rizomatosas, a veces estoloníferas, con fotosíntesis C3 y hojas con limbo linear o linear-lanceolado, con o sin micropelos, y con lígula reemplazada por una fila de pelos. Presentan inflorescencias en panícula, a veces espiciforme, con espiguillas comprimidas lateralmente, con 1 o más flores hermafroditas, aunque no es infrecuente la dioecia e incluso la ginodioecia. Las flores tienen por lo general 2 lodículas membranáceas o carnosillas, 3 estambres (reducidos a estaminodios en las flores femeninas) y ovario con 2 estigmas. La cariopsis es elipsoidal, obovoide o subglobosa, con embrión por lo general grande e hilo casi siempre linear. Los números básicos de cromosomas son $x = 6, 9, 12$.

La subfamilia incluye 18 géneros y unas 292 especies en una sola tribu[361], con representación sobre todo en las regiones tropicales del hemisferio sur y Australia, excepto los géneros *Danthonia* y *Schismus*, que se extienden por América y Europa, y por la Región Mediterránea y África, respectivamente. Muchas de sus especies, no obstante, son marcadamente invasoras y se han difundido y naturalizado en otras partes del mundo. Entre ellas destaca *Cortaderia selloana*, la hierba de las Pampas, a menudo utilizada en jardinería y cuya naturalización puede provocar graves perturbaciones en la vegetación natural. Los géneros *Rytidosperma* (~76 spp.) y *Danthonia* (~26 spp.) se cuentan entre los más diversos del grupo.

Subfamilia **Chloridoideae**

Las cloridoideas son hierbas anuales o perennes, cespitosas, rizomatosas o estoloníferas, con fotosíntesis C4 y hojas con limbo por lo general linear o linear-lanceolado, con micropelos –con la célula apical globosa– y lígula membranácea, ciliada o no, a veces reemplazada por una fila de pelos. La inflorescencia es muy variable, unas veces en panícula laxa o densa, a veces capituliforme, o consta de varias espigas o

360 Soreng *et al.* (2017)
361 Soreng *et al.* (2017)

racimos espiciformes unilaterales dispuestos en el extremo de los tallos floridos. Las espiguillas están comprimidas lateral o dorsiventralmente, con 1 o numerosas flores hermafroditas, cada una por lo general con 2 lodículas membranáceas o carnosas (a veces faltan), 3 estambres y ovario con 2 estigmas. La cariopsis es ovoide, elipsoidal o globosa, con embrión grande e hilo corto. Los números básicos de cromosomas son $x = 9, 10, 12$.

La subfamilia es la cuarta en importancia por su diversidad, ya que se reconocen en ella 124 géneros y unas 1.602 especies[362] reunidas en 5 tribus. Es un grupo fundamentalmente tropical y subtropical, con mucha irradiación hacia las latitudes templadas[363]. Incluye géneros muy diversificados, como *Eragrostis* (~444 spp.), *Sporobolus* (~220 spp.), *Muhlenbergia* (~182 spp.) y *Chloris* (~57 spp.), otros con especies de interés pascícola o para la formación de céspedes (p.ej., *Cynodon*, *Dactyloctenium*), y los hay también con especies cultivadas local o regionalmente por el aprovechamiento de sus frutos como cereal, entre ellas *Eleusine coracana*, el mijo africano o mijo coracán, y *Eragrostis tef*, el tef. Muchas especies del grupo tienen una extraordinaria capacidad invasora y se han difundido como malas hierbas en buena parte del mundo, entre ellas *Eleusine indica*, y también algunas especies de *Spartina* que han colonizado costas muy alejadas de sus lugares de origen, como la sudamericana *Spartina densiflora* en Europa, en donde hibrida con la nativa *S. maritima*.

X. REPRESENTACIÓN EN LA PENÍNSULA IBÉRICA E ISLAS BALEARES

A pesar de la extraordinaria simplicidad de sus órganos sexuales, que podrían presagiar un éxito reproductivo limitado en la naturaleza, las gramíneas, como ya se ha señalado, constituyen uno de los grupos más diversificados y adaptados a todo tipo de situaciones. De hecho, en la Península Ibérica la familia incluye plantas capaces de alcanzar y colonizar exitosamente el piso alpino de sus sierras más elevadas (p.ej., *Festuca* spp.), abundar en las zonas esteparias y semidesérticas del sureste peninsular (p.ej., *Stipa* spp., *Lygeum spartum*), colonizar las inhóspitas dunas costeras (p.ej., *Ammophila arenaria*), vivir en condiciones de constante humectación y encharcamiento del suelo de muchos trampales higroturbosos (p.ej., *Molinia caerulea*, *Nardus stricta*), vivir en los márgenes de los cursos y remansos de agua (p.ej., *Phragmites*

362 Soreng *et al.* (2017)
363 Hartley (1960), Cross (1980)

australis) o en condiciones anfibias (p.ej., *Glyceria* spp.), lugares con alta salinidad y sometidos a encharcamientos temporales (p.ej., *Puccinellia* spp., *Spartina densiflora*) o permanentes (*Spartina maritima*), en lugares notablemente enriquecidos en nitrógeno a causa de los desechos orgánicos, como bordes de caminos y carreteras (p.ej., *Bromus*, *Hordeum*, *Avena*), etc.

De la representación de la familia en la Península Ibérica y las Islas Baleares existe una primera aproximación efectuada por Romero-Zarco (2015), en la que se da a conocer la diversidad existente, con posterioridad completada por el tratamiento de la misma en *Flora iberica*[364]. Está aquí representada por 469 especies (543 taxones), incluídas en 134 géneros. No todas las subfamilias poseen representación en la flora silvestre del territorio. Faltan las tres subfamilias basales (Anomochloideae, Pharoideae y Puelioideae), así como las Bambusoideae del clado BOP y las Micrairoideae del clado PACMAD. Se detallan a continuación las tribus representadas en nuestra flora, con indicación de los géneros y el número de especies conocidas en el territorio, tomando como referencia el tratamiento taxonómico de *Flora iberica*.

Subfamilia **Oryzoideae**

Tribu **Ehrharteae**

Pequeña tribu de afinidad principalmente australásica cuyas especies conservan un carácter floral primitivo en la familia, como el androceo formado por 6 estambres. Sus espiguillas muestran un síndrome de reducción basípeta análogo al que exhiben géneros de la tribu Poeae muy diferenciados como *Anthoxanthum* o *Phalaris*, con una flor apical hermafrodita y dos basales reducidas al lema que la acompañan en la dispersión.

Géneros con representación: *Ehrharta* Thunb. (3), fig. 51.

Las tres especies introducidas en nuestro territorio, procedentes de la Región de El Cabo (Sudáfrica), se reconocen fácilmente por las características peculiares de las espiguillas descritas para la tribu.

Tribu **Oryzeae**

El género más importante y conocido de esta tribu, pequeña pero representada en todos los continentes habitados, es *Oryza* L., al que per-

364 Devesa *et al.* (2020), Romero-Zarco *et al.* (2021)

Fig. 51.- Algunos representantes típicos de las tribus Ehrharteae (A, *Ehrharta calycina*), Nardeae (B y C, *Nardus stricta*), Lygeae (D, *Lygeum spartum*) y Meliceae (E, *Glyceria* declinata; F, *Melica minuta*; G, *Melica ciliata* subsp. *magnolii*). Fotos: JA, excepto *Nardus stricta* (CA).

tenecen varias especies de arroz cultivadas en todo el mundo (fig. 43). Las espiguillas en esta tribu son extremadamente simples, constituídas por una sola flor hermafrodita desprovista de glumas.

Géneros con representación: *Leersia* Sw. (2).

El aspecto de la planta, panícula y espiguillas es parecido al del arroz, pero en este las espiguillas llevan dos flores basales reducidas al lema (de 2-3 mm) y en algunas variedades la flor fértil es aristada. En *Leersia*, por el contrario, faltan los lemas estériles basales y la arista. Las flores pueden tener 6 estambres (como el arroz) o solo 3 y crecen en terrenos húmedos comportándose a veces como plantas anfibias.

Subfamilia **Pooideae**

Tribu **Nardeae**

La única especie de esta tribu, *Nardus stricta* L., combina un origen muy antiguo con una morfología de su inflorescencia muy simplificada. Su singularidad dentro de la subfamilia se manifiesta, a nivel microscópico, por la presencia de pelos bicelulares en la epidermis, carácter más frecuente en grupos subtropicales. Sus espiguillas son unifloras y presentan habitualmente una sola gluma de escaso desarrollo. En el momento de la floración asoma apicalmente un solo estigma simple, algo excepcional en la familia.

Géneros con representación: *Nardus* L. (1), fig. 51.

N. stricta es planta amacollada, tenaz, de pequeño porte y espiga laxa y estrecha (*stricta*), que habita en cervunales de montaña. Sorprenderá la similitud del nombre genérico latino con el vulgar aplicado a los nardos de floristería. Al parecer Linneo adoptó un nombre usado anteriormente para una planta aromática de la India, con inflorescencias espigadas y estrechas. Cuando se importaron de México las especies del género *Polianthes* (Agavaceae), los nardos cultivados, se les aplicó ese nombre común que ya era usado para flores silvestres semejantes.

Tribu **Lygeeae**

No menos extraña que la anterior y representada también en la actualidad por una sola especie. Esta tribu combina, al igual que la anterior, la presencia de pelos bicelulares en la epidermis y la simplificación de la inflorescencia, con solo una espiguilla. La transformación de la espiguilla es tal, que resulta difícil establecer la homología de sus partes con las tradicionales brácteas de la familia, ya que carece de glumas y los lemas de sus flores están soldados entre sí formando una estructura endurecida que encierra un único fruto.

Géneros con representación: *Lygeum* Loefl. (1), fig. 51.

El albardín o esparto basto (*Lygeum spartum* L.), junto con el esparto común o atocha (*Stipa tenacissima* L., de la tribu Stipeae), constituían un importante recurso natural en la antigüedad –al menos desde el Neolítico–, pues sus fibras eran imprescindibles para la fabricación de sandalias resistentes, albardas, y todo tipo de objetos que hoy día son fabricados con materiales más modernos. El albardín constituye un componente esencial de un paisaje vegetal de gran valor ecológico, protegido por la Directiva Hábitats de la Unión Europea (92/43/CEE) con el nombre de "estepas salinas (*Limonietalia*)", así como otros tipos de pastizales de carácter semiárido y continental.

Tribu **Meliceae**

Tribu pequeña pero representada en todos los continentes (salvo la Antártida), relativamente aislada filogenéticamente, que difiere de otras Pooideae porque sus especies tienen vainas foliares íntegras (tubulares) y lemas plurinervados, de dorso redondeado.

Géneros con representación: *Glyceria* R. Br. (4) y *Melica* L. (6).

De estos dos géneros, *Glyceria* (fig. 51) es el menos conocido, ya que sus especies tienen unos requerimientos ecológicos muy concretos: bordes de cursos de agua, acequias y otros lugares muy húmedos, pero no salinos ni nitrificados. El género falta por completo en las Islas Baleares y la determinación de sus especies es difícil, lo que ha creado mucha confusión sobre su distribución. Son especies perennes, con panículas laxas y alargadas, con espiguillas multifloras. La especie más extendida en la Península es *G. declinata* Bréb. El género *Melica* (fig. 51), por el contrario, es más conocido por la mayor frecuencia de sus especies, también perennes, en pastos y claros de bosque o matorral, ya sea en suelos profundos o en terrenos pedregosos. Sus espiguillas son muy características por contener solo una o pocas flores fértiles y por estar rematadas por un apéndice apical a modo de eleosoma en forma de pequeña porra (fig. 40 A), algo carnoso, constituido por dos o tres flores estériles. Las especies más frecuentes son *M. ciliata* L., con espiguillas muy pelosas y *M. minuta* L., con espiguillas glabras.

Tribu **Ampelodesmeae**

Es esta otra tribu monogenérica y monoespecífica, en la que las espiguillas guardan un gran parecido con las típicas de la tribu Poeae, pero cuyos marcadores moleculares la sitúan próxima a las Stipeae, muy diferentes morfológicamente.

Géneros con representación: *Ampelodesmos* Link (1), fig. 52.

La única especie conocida, *A. mauritanicus* (Poir.) T. Durand & Schinz es una caña que puede alcanzar los 2 m de altura, de aspecto parecido a una *Festuca*, cuyas densas macollas adornan los roquedos calcáreos próximos al Mediterráneo, tanto en las costas de Cataluña como en las Islas Baleares.

Tribu **Stipeae**

Lo más llamativo de las especies de esta tribu es la gran arista de los lemas, en ocasiones plumosa, que facilita la dispersión de sus frutos por el viento o en el pelo de los animales. Predominan las especies perennes y se reconocen por sus espiguillas unifloras, dispuestas en panículas por lo común laxas. La mayoría de sus especies son plantas tenaces que pueblan hábitats esteparios y semiáridos, donde constituyen pastos muy magros. La delimitación de los géneros está actualmente expuesta a los sobresaltos de las clasificaciones basadas en filogenias moleculares. Como quiera que el asunto no parece estar definitivamente resuelto, no se aceptan aquí géneros como *Achnatherum*, *Amelichloa* o *Celtica*.

Géneros con representación: *Jarava* Ruiz & Pav. (3), *Nassella* (Trin.) Desv. (2), *Piptatherum* P. Beauv. (3) y *Stipa* L. (12).

Los dos primeros géneros de la lista son americanos y están representados en la Península por especies recientemente introducidas, siendo especialmente frecuentes en ambientes ruderales del nordeste de España, donde se conocen solo desde finales del siglo XX. Del género *Piptatherum*, caracterizado por sus espiguillas relativamente pequeñas y con arista caediza, es muy conocida *P. miliaceum* (L.) Coss., una de las especies más ampliamente extendidas en ambientes ruderales y comunidades viarias por toda la Península y las Islas Baleares. Puede observarse incluso en parques naturales y en parajes con vegetación natural bien conservada, donde se introduce en los lugares más transitados por los visitantes y en los alrededores de equipamientos turísticos.

El género más importante de la tribu para la flora autóctona es, sin duda, *Stipa* (fig. 52), género exclusivo del Viejo Mundo con su máxima

Fig. 52.- Algunos representantes típicos de las tribus Ampelodesmeae (A y B, *Ampelodesmos mauritanica*), Stipeae (C, *Stipa capensis*; D, *Stipa tenacissima*; E, *Stipa barbata*) y Brachypodieae (F, *Brachypodium phoenicoides*). Fotos: JA.

diversidad en las regiones esteparias del centro y oste de Asia. La única especie anual de nuestro territorio es *S. capensis* Thunb. (fig. 52 C), cuyo nombre hace honor a la Región de El Cabo en Sudáfrica, donde fue descubierta por primera vez a pesar de que allí, probablemente, fue introducida por navegantes europeos. Es la única especie frecuente en ambientes ruderales y viarios, donde el aspecto enmarañado de sus panículas, con numerosas aristas retorcidas entre sí, destaca entre otras gramíneas que habitan en los mismos ambientes. Capítulo aparte merecen las numerosas especies que crecen en lugares abiertos del centro, sur y este de España peninsular, donde abundan materiales calcáreos, margosos o yesíferos, lugares en los cuales estas especies tenaces y resistentes a la sequía tienen escasa competencia. Dos de ellas, *S. barbata* Desf. (fig. 52 E) y *S. iberica* Martinovský destacan por sus alargas aristas plumosas. Las restantes especies exhiben también aristas largas, pero con tricomas muy cortos que se observan solo bajo la lupa. Las más extendidas y conocidas son el esparto (*S. tenacissima* L.; fig. 52 D), que con sus grandes macollas y densas panículas caracteriza buena parte de los paisajes esteparios españoles, y el berceo (*S. gigantea* Link), única especie del género originalmente descrita de Portugal y una de las pocas que medran en terrenos silíceos. Sus grandes panículas laxas y la extensión de sus poblaciones hacen de esta especie un elemento destacado de ciertos paisajes. El aspecto de su inflorescencia cuando ha dispersado los frutos es muy parecido al de las especies del género *Avena*, lo que llevó a confusión a notables botánicos, entre ellos el mismísimo Linneo, quien describió su *Avena sterilis* posiblemente a la vista de una panícula vacía que le trajo su discípulo Clas Alströmer del sur de España[365]. Sus glumas, también anchas y plurinervadas, difieren de las del género *Avena* por su color más rojizo y oscuro.

Tribu **Brachypodieae**

Tribu monogenérica cuyo rasgo morfologico más característico es la especial configuración de su inflorescencia, un racimo con espiguillas largas y multifloras con pedúnculo muy corto. Otros caracteres son similares a los de la tribu Poeae, pero su afinidad filogenética está más próxima a las tribus Bromeae y Triticeae y, al igual que en estas, sus flores presentan un ovario peloso, carácter poco frecuente en las Pooideae.

Géneros con representación: *Brachypodium* (6), fig. 52.

Haciendo honor a su nombre, las especies de este género se caracte-

365 Baum (1977)

rizan por sus inflorescencias aparentemente en espiga, pero cuyas espiguillas se asientan sobre pedúnculos muy cortos, apenas visibles a primera vista. Sus especies pueden confundirse con las del género *Lolium*, del cual difieren por tener dos glumas en sus espiguillas (una sola en las espiguilas laterales de *Lolium*), o con las del género *Elymus*, de las que puede separarse, no sin cierta dificultad, porque en este las espiguillas son sésiles y se orientan de forma claramente paralela al eje, con ambas glumas equidistantes. La mayoría de sus especies son perennes y habitan en pastos naturales, terrenos rocosos y claros de formaciones leñosas en todo tipo de substratos. Especial interés florístico tiene *B. obtusifolium* Link, especie endémica de los terrenos dolomíticos de las sierras de Granada y Málaga. En el terreno de la investigación, destaca la única especie anual, *B. distachyon* (L.) P. Beauv., muy común en ambientes ruderales y que recientemente ha sido objeto de estudios que demuestran que se trata de un complejo formado por tres razas cromosómicas, constituyendo un buen modelo para el estudio genómico de las plantas[366].

Tribu **Poeae**

Esta tribu representa aproximadamente el 57% de las especies ibéricas. Es además la más importante en las regiones templadas y frías del planeta. No es de extrañar por tanto que haya acaparado mucha atención de los expertos y se hayan sobrevalorado sus caracteres taxonómicos en las clasificaciones antiguas. Se incluyen actualmente aquí algunas tribus tradicionales que, a la luz de la filogenia molecular, han resultado ser triviales o no merecedoras de la categoría de tribu. Tal es el caso de las antiguas Aveneae y Agrostideae, que morfológicamente son bastante reconocibles.

Géneros con representación: *Agrostis* L. (14), *Aira* L. (9), *Airopsis* Desv. (1), *Alopecurus* L. (6), *Ammochloa* Boiss. (1), *Ammophila* Host (1), *Anthoxanthum* L. (3), *Antinoria* Parl. (1), *Apera* Adans. (2), *Aristavena* Albers & Butzin (1), *Arrhenatherum* P. Beauv. (2), *Avellinia* Parl. (2), *Avena* L. (7), *Avenella* Bluff ex Drejer (1), *Avenula* (Dumort.) Dumort. (1), *Bellardiochloa* Chiov. (1), *Briza* L. (3), *Calamagrostis* Adans. (3), *Castellia* Tineo (1), *Catabrosa* P. Beauv. (1), *Catapodium* Link (3), *Chaetopogon* Janch. (1), *Corynephorus* P. Beauv. (4), *Ctenopsis* De Not. (2), *Cutandia* Willk. (2), *Cynosurus* L. (3), *Dactylis* L. (1),

366 Catalán & Olmstead (2000)

Fig. 53.- Algunos representantes típicos de las tribus Poeae: A, *Ammophila arenaria*; B, *Anthoxanthum ovatum* subsp. *aristatum*; C, *Cutandia maritima*; D, *Cynosurus echinatus*; E, *Dactylis glomerata*; F, *Festuca clementei*. Fotos: JA, excepto *F. clementei* (GM).

Deschampsia P. Beauv. (1), *Desmazeria* Dumort. (1), *Echinaria* Desf. (1), *Festuca* L. (59), *Gastridium* P. Beauv. (3), *Gaudinia* P. Beauv. (3), *Hainardia* Greuter (1), *Helictochloa* Romero Zarco (12), *Helictotrichon* Besser (7). *Holcus* L. (7), *Koeleria* Pers. (7), *Lagurus* L. (1), *Lamarckia* Moench (1), *Linkagrostis* Romero García & al. (1), *Lolium* L. (4), *Mibora* Adans. (1), *Micropyrum* (Gaudin) Link (2), *Micropyropsis* Romero Zarco & Cabezudo (1), *Milium* L. (2), *Molineriella* Rouy (3), *Narduroides* Rouy (1); *Neoschischkinia* Tzvelev (5), *Oreochloa* Link (2), *Parapholis* C.E. Hubb. (5), *Periballia* Trin. (1), *Phalaris* L. (7), *Phleum* L. (6), *Pholiurus* Trin. (1), *Poa* L. (17), *Polypogon* Desf. (3), *Psilurus* Trin. (1), *Puccinellia* Parl. (9), *Rostraria* Trin. (5), *Sclerochloa* P. Beauv. (1), *Sesleria* Scop. (3), *Sphenopus* Trin. (1), *Triplachne* Link (1), *Trisetaria* Forssk. (6), *Trisetum* Pers. (6), *Ventenata* Koeler (1), *Vulpia* C.C. Gmel. (7), *Vulpiella* (Batt. & Trab.) Burollet (1), *Wangenheimia* Moench (1). [70 géneros que suman 286 especies].

Desde los 15 géneros de este grupo que reconociera Linneo en el siglo XVIII hasta los 70 que se relacionan aquí, hay un largo y tortuoso camino de nuevos descubrimientos y clasificaciones. Para resumir la diversidad de este extenso lote de géneros puede resultar muy útil dar uno o dos pasos atrás en este proceso analítico, y retomar antiguas configuraciones genéricas que, si bien han sido superadas por estudios anatómicos, cariológicos o moleculares, resultan muy intuitivas en relación a la morfología básica de las espiguillas.

Uno de los caracteres que primero contribuyeron a delimitar los géneros de la tribu Poeae fue el número de flores fértiles de la espiguilla. Con respecto a este carácter (muy usado aún en las claves dicotómicas), pueden establecerse tres estados más o menos definidos:

1) Con espiguillas unifloras de una manera fija y constante (tipo *Agrostis*).– Aunque es la configuración más simple, se considera un carácter derivado en la tribu. Las especies con esta configuración espicular fueron inicialmente clasificadas en los géneros linneanos *Agrostis*, *Alopecurus*, *Anthoxanthum* (fig. 53 B), *Lagurus*, *Milium*, *Phalaris* (fig. 54 D) y *Phleum* (fig. 55 A). A estos habría que añadir otros géneros descritos posteriormente, como *Ammophila* (fig. 53 A, incluído en *Arundo* por Linneo); *Hainardia* (clasificado en *Rottboellia* por Linneo); *Apera*, *Calamagrostis* y *Chaetopogon*, (con especies incluídas en *Agrostis* por Linneo), así como *Gastridium*, *Linkagrostis*, *Neoschischkinia, Pholiurus* y *Triplachne* (con especies desconocidas para Linneo). Abundan en este lote los géneros monoespecíficos o con dos o tres especies, y

destaca el género *Agrostis* y su cohorte de géneros próximos (*Ammophila, Calamagrostis, Chaetopogon*, *Linkagrostis* y *Neoschischkinia*), cuya clasificación ha sido recientemente revisada con importantes consecuencias para nuestra flora[367].

2) Con espiguillas bifloras de forma constante (tipo *Aira*).– Los paradigmas linneanos para este grupo son los géneros *Aira* (del que derivarían posteriormente *Avenella*, *Catabrosa*, *Corynephorus*, *Deschampsia* y *Molineriella*) y *Holcus*. Otros géneros con espiguillas bifloras basados en especies no linneanas son *Airopsis*, *Antinoria*, *Aristavena* y *Periballia*.

3) Con espiguillas multifloras (tipo *Festuca* o *Avena*).– El número de flores fértiles de las espiguillas puede ser muy variable, pero rara vez baja de tres. Es el lote más nutrido, donde pueden diferenciarse dos subgrupos:

3a) Géneros parecidos a *Festuca* (fig. 53 F) o a *Poa*, sin aristas o con aristas rectas que nacen del ápice o muy cerca de este: *Ammochloa, Avellinia*, *Bellardiochloa, Briza, Castellia, Catabrosa, Catapodium, Ctenopsis, Cutandia* (fig. 53 C), *Dactylis* (fig. 53 E), *Desmazeria, Echinaria* (fig. 25 B), *Koeleria* (fig. 54 B), *Lolium* (fig. 24 A), *Micropyrum, Micropyropsis, Narduroides, Oreochloa, Puccinellia, Rostraria* (fig. 55 B), *Sclerochloa, Sesleria, Sphenopus* (fig. 55 C), *Vulpia* (fig. 55 D), *Vulpiella* y *Wangenheimia*.

3b) Géneros parecidos a *Avena*, con arista dorsal o subbasal, por lo común acodada o retorcida: *Arrhenatherum, Avenula, Gaudinia, Helictochloa, Helictotrichon* (fig. 54 A), *Trisetaria, Trisetum y Ventenata*. Por su interés agronómico destaca en este grupo el género *Avena* (véase el capítulo VIII), que tiene su máxima diversidad en la Región Mediterránea, con especies anuales –excepto *A. macrostachya* Bal. ex Coss. & Dur., una rara especie perenne del noroeste de África[368]– bien caracterizadas por sus espiguillas relativamente grandes y con glumas plurinervadas. Las especies cultivadas difieren de las silvestres porque sus espiguillas no se deshacen en la madurez, permitiendo así su recolección. La especie cultivada más conocida es *Avena sativa* L. (fig. 49), cuyo origen se investiga a partir de varias especies diploides y tetraploides del noroeste de África e islas mediterráneas.[369]

Mención aparte merecen los géneros caracterizados por tener dos tipos de espiguillas, unas fértiles, con una o dos flores hermafroditas,

367 Peterson *et al.* (2020)
368 Baum & Rajhathy (1976)
369 Loskutov & Rines (2011)

Fig. 54.- Algunos representantes típicos de las tribus Poeae (continuación): A, *Helictotrichon filifolium* subsp. *filifolium*; B, *Koeleria vallesiana*; C, *Mibora minima*; D, *Phalaris coerulescens*. Fotos: JA.

y otras estériles, multifloras. Linneo describió así el género *Cynosurus* (fig. 53 D), del que posteriormente se segregaría *Lamarkia* (fig. 27 D).

Hoy día hay varios frentes abiertos en la filogenia y clasificación de la tribu Poeae. El grupo de las denominadas "avenas perennes" ha

Fig. 55.- Algunos representantes típicos de las tribus Poeae (continuación): A, *Phleum pratense*; B, *Rostraria cristata*; C, *Sphenopus divaricatus*; D, *Vulpia alopecuros*. Fotos: JA.

quedado resuelto tras la delimitación de *Arrhenatherum* respecto a *Pseudarrhenatherum*, la inclusión de este último en *Helictotrichon* y la separación de los géneros *Avenula* (monotípico) y *Helictochloa*[370]. Menos resuelto está otro grupo de la subtribu Aveninae (o Koelerinae, según interpretaciones recientes), donde ha habido transferencias entre

370 Romero-Zarco (2010)

Trisetum y *Koeleria* y se han descrito o rehabilitado otros géneros[371], como *Acrospelion* Besser o *Sibirotrisetum* Barberá & al. (este último no representado en nuestra flora). Y en este mismo grupo, queda por resolver la clasificación de las especies anuales, actualmente en los géneros *Rostraria* y *Trisetaria*, y su relación con los géneros perennes de espiguillas semejantes (*Koeleria* y *Trisetum*, respectivamente). Pero el nudo gordiano de la filogenia de las Poeae se concentra alrededor del género *Festuca*, cuyas numerosas especies se relacionan filogenéticamente, unas con *Vulpia*, otras con *Lolium* y *Micropyropsis*, y otras con algunas de las especies anuales que forman la nebulosa de *Catapodium*, *Cutandia*, *Desmazeria*, etc. La división del género *Festuca* en entidades monofiléticas y la situación de otros géneros menores en estas, será cuestión a resolver en la próxima década.

Tribu **Bromeae**

Tribu monogenérica cuyas especies se caracterizan por sus vainas foliares tubulosas (márgenes soldados) y la presencia de un apéndice peloso en el ápice del ovario.

Géneros con representación: *Bromus* L. (27), fig. 56.

Tradicionalmente, se clasificaron en este género especies con espiguillas multifloras cuyos lemas exhiben una arista subterminal, inserta a corta distancia del ápice y con frecuencia más o menos retorcida. En el territorio ibérico-balear sus numerosas especies pueden separarse en tres grupos morfológicos. Las especies perennes, como *B. erectus* Huds. o *B. catharticus* Vahl, guardan cierto parecido con las especies de panícula ramosa del género *Festuca*, con espiguillas algo comprimidas lateralmente y lemas con arista recta, con frecuencia corta o reducida a un mucrón subapical. Las anuales, por el contrario, suelen tener aristas bien desarrolladas, a menudo curvadas o retorcidas, lo que facilita una dispersión epizoócora más eficaz. Entre las anuales podemos separar dos grupos por el aspecto de sus glumas y espiguillas: las especies de espiguillas estrechas y alargadas, y las que tienen espiguillas más redondeadas y con glumas más anchas. Entre las primeras destaca por su frecuencia *B. madritensis* L. (fig. 56 D), omnipresente en hábitats ruderales y viarios por toda la Península y Baleares; y del segundo tipo merece especial mención *B. hordeaceus* L. (fig. 56 B), con similares apetencias ecológicas y también ampliamente distribuída.

371 Barberá *et al.* (2019)

Fig. 56.- Algunos representantes típicos de la tribu Bromeae: A, *Bromus diandrus*; B, *Bromus hordeaceus*; C, *Bromus lanceolatus*; D, *Bromus matritensis*; E, *Bromus rubens*; F, *Bromus tectorum*. Fotos: JA.

Tribu **Triticeae**

Al igual que en las dos precedentes, en esta tribu las especies tienen el ovario peloso, pero sus vainas foliares son abiertas y las inflorescencias son espigas típicas o racimos espiciformes. Incluye a los cereales más importantes de origen euroasiático, como el trigo, la cebada y el centeno.

Géneros con representación: *Aegilops* L. (5), *Agropyron* Gaertn. (1), *Dasypyrum* (Coss. & Durieu) T. Durand (1), *Elymus* L. (10), *Eremopyrum* (Ledeb.) Jaub. & Spach (1), *Hordelymus* (Jess.) Harz (1), *Hordeum* L. (6), *Secale* L. (2), *Taeniatherum* Nevski (1) y *Triticum* L. (1).

La mayoría de las especies de estos géneros (fig. 57), salvo muchas del género *Elymus*, exhiben aristas largas, rectas y apicales en los lemas y a veces también en las glumas. Los caracteres más usados, tanto en la clasificación, como en las claves dicotómicas son los siguientes:

1) Aspecto general de la inflorescencia.– *Elymus* (fig. 57 E) presenta espigas laxas, mientras que los restantes géneros tienen espigas más o menos densas.

2) Disposición de las espiguillas.– Solitarias: *Aegilops* (figs. 57 B-D), *Agropyron*, *Dasypyrum*, *Elymus*, *Eremopyrum*, *Secale* y *Triticum*; dos espiguillas en cada nudo: *Taeniatherum*; tres por nudo: *Hordelymus* y *Hordeum*.

3) Configuración de las glumas.– Estrechas, con 1 o 3 nervios y largamente aristadas: *Hordelymus*, *Hordeum* (fig. 57 F), *Taeniatherum* (fig. 57 A); estrechas y uninervias pero apenas aristadas: *Secale*; relativamente anchas, con 3-11(14) nervios, múticas, mucronadas o aristadas: *Agropyron*, *Elymus*, *Eremopyrum*; anchas, obtusas o truncadas, no aristadas, con (3)5-7 nervios, a veces aquillados: *Triticum*; anchas, aristadas (1-6 aristas cada gluma), con 5-9(11) nervios prominentes: *Aegilops*; anchas, biaquilladas, largamente aristadas, con 4-5 nervios: *Dasypyrum*.

Las especies de trigo cultivadas en nuestro territorio son: *Triticum aestivum* L. (trigo blando o candeal), *T. dicoccon* (Schrank) Schübl. (escanda de dos carreras), *T. durum* Desf. (trigo duro), *T. monococcum* L. (escanda menor o espelta), *T. polonicum* L. (trigo polaco), *T. spelta* L. (escanda mayor o espelta) y *T. turgidum* L. (trigo moruno o redondillo). La única especie silvestre, naturalizada en el centro de España, es *T. boeoticum* Boiss., una especie de espelta silvestre procedente de los Balcanes y el suroeste de Asia. Otras especies pueden crecer ocasionalmente en ambientes antrópicos escapadas de cultivo.

Del género *Hordeum* (véase el capítulo VIII) se cultivan en el territorio *Hordeum distichon* L. (cebada de dos carreras), *H. hexas-*

Fig. 57.- Algunos representantes típicos de la tribu Triticeae: A, *Taeniatherum caput-medusae*; B, *Aegilops ventricosa*, C, *Aegilops geniculata*; D, *Aegilops triuncialis*; E, *Elymus farctus*; F, *Hordeum geniculatum*. Fotos: JA.

tichon L. (cebada de seis carreras) y *H. vulgare* L. (cebada de cuatro carreras).

El centeno, *Secale receale* L., se cultiva ampliamente para obtener harina y forraje (véase el capítulo VIII) y es frecuente que crezca también de forma esporádica como planta naturalizada en terrenos con materiales ácidos.

SUBFAMILIA **ARISTIDOIDEAE**

Tribu **Aristideae**

Pequeña tribu, única de la subfamilia, cuyas especies se caracterizan por su lígula constituída por una franja de cilios y sus espiguillas unifloras, con el lema terminado en 3 aristas o en una arista con 3 ramas.

Géneros con representación: *Aristida* L. (1), fig. 58 A.

Aunque se trata de un género ampliamente distribuido y con más de 300 especies, en nuestro territorio solo está representado por *Aristida coerulescens* Desf., fácilmente reconocible por la peculiar configuración de sus aristas apicales, con 3 ramas que parten del extremo del nervio del lema. Crece en terrenos pedregosos y semiáridos de zonas cálidas de la Península.

SUBFAMILIA **PANICOIDEAE**

Tribu **Paniceae**

En esta tribu, de afinidad tropical o subtropical, las espiguillas van de redondeadas a comprimidas dorsiventralmente, a diferencia de las espiguillas comprimidas lateralmente que caracterizan a la mayoría de las tribus precedentes. Son espiguillas muy modificadas con respecto al plan general de la familia, pues contienen una flor basal masculina o estéril y otra apical hermafrodita, esta última cubierta dorsalmente por la gluma superior, mientras que la gluma inferior, con frecuencia es reducida y deja al descubierto el lema de la flor basal. Sus inflorescencias pueden ser complejas, formadas por racimos unilaterales (fig. 59).

Géneros con representación: *Cenchrus* L. (5), *Digitaria* Haller (5), *Echinochloa* P. Beauv. (4), *Melinis* P. Beauv. (1), *Moorochloa* Veldkamp (1), *Oplismenus* P. Beauv. (1), *Panicum* L. (4), *Setaria* P. Beauv. (7), *Stenotaphrum* Trin. (1) y *Urochloa* P. Beauv. (1).

De las 30 especies que crecen de forma silvestre en la Península, 23 son alóctonas, y algunas potencialmente invasoras. Son frecuentes en cultivos de regadío y en zonas ajardinadas, donde puede llegar a constituir malezas difíciles de erradicar. Algunas se reconocen precisamente por la presencia de apéndices que facilitan su dispersión, como en las del género *Setaria* (fig. 29 A), cuyas espiguillas van acompañadas en la base por una o más cerdas aristiformes, o *Cenchrus*, cuyas espiguillas se dispersan junto con una especie de involucro formado por setas o espinas libres o soldadas entre sí. En otros casos, como en *Digitaria* (fig. 25 C) y *Echinochloa* (fig. 58 G), entre otros, las diásporas son más sencillas, pero se entremezclan y confunden fácilmente con los granos de arroz, otros cereales, semillas forrajeras o mezclas de semillas pratenses. *Oplismenus undulatifo-*

Fig. 58.- Algunos representantes típicos de las tribus Aristidoideae (A, *Aristida coerulescens*) y Paniceae (B, *Melinis repens*; C, *Panicum repens*; D, *Cenchrus longisetus*; E, *Cenchrus setaceus*; F, *Echinochloa colona*; G, *Echinochloa crus-galli*). Fotos: JA.

lius (Ard.) P. Beauv., única especie del género introducida en nuestra flora, dispersa sus espiguillas gracias a su arista gruesa y viscosa, adhesiva en la madurez. Algunas especies, no obstante, han sido deliberadamente introducidas como componentes de céspedes y praderas artificiales. Además de las numerosas especies naturalizadas, se ha detectado en las últimas décadas la presencia ocasional de al menos una docena de otras especies pertenecientes a los géneros *Cenchrus* (figs. 58 D, E), *Digitaria*, *Panicum*, *Setaria* y *Urochloa* que aún no pueden considerarse plenamente naturalizadas.

Tribu **Paspaleae**

Tribu principalmente americana, representada en nuestro territorio por unas cuantas especies naturalizadas. Sus inflorescencias y espiguillas son muy parecidas a las de ciertos géneros de la tribu paniceas, como *Digitaria* y *Echinochloa*. En muchas especies de paniceas la gluma inferior es pequeña, pero visible, mientras que en la tribu Paspaleae es vestigial o inexistente.

Géneros con representación: *Axonopus* P. Beauv. (1) y *Paspalum* L. (4).

Algunas especies del género *Paspalum* (figs. 59 A, B) se parecen mucho a las del género *Echinochloa* por sus inflorescencias formadas por varios racimos repartidos a lo largo de un eje principal, pero pueden diferenciarse por la presencia de una lígula membranácea en las hojas –la lígula falta en *Echinochloa*– y por la gluma inferior vestigual o inexistente –pequeña pero apreciable en *Echinochloa*–. Otras especies tienen inflorescencias formadas por 2-3 racimos digitados (situados muy juntos en el extremo del eje), de aspecto parecido a las del género *Digitaria*, donde los racimos suelen ser más numerosos –(2)3-12–. En *Axonopus fissifolius* (Raddi) Kuhlm la inflorescencia también es parecida a la de las especies del género *Digitaria*, pero su lígula foliar es una membrana ciliada, a diferencia de las lígulas exclusivamente membranáceas de *Digitaria*.

Tribu **Andropogoneae**

Las espiguillas en las especies de esta tribu guardan cierto parecido con las de las dos tribus anteriores, ya que al menos la mitad de las espiguillas contienen dos flores, la basal masculina o estéril, y la apical hermafrodita. Pero en este caso las espiguillas no son todas iguales

Fig. 59.- Algunos representantes típicos de las tribus Paspaleae (A, *Paspalum dilatatum*; B, *Paspalum distichum*) y Andropogoneae (C, *Imperata cylindrica*; D, *Hyparrhenia hirta*; E, *Sorghum halepense*). Fotos: JA, excepto *H. hirta* (GM).

Fig. 60.- *Tripidium ravennae*, tribu Andropogoneae Foto: JA.

y forman parejas –a veces tríos en los extremos de las ramas– donde la espiguilla basal, por lo general sésil, tiene la configuración descrita arriba, y la espiguilla apical, pedunculada, contiene solo una flor masculina. A diferencia de las especies de las otras tribus de la misma subfamilia, en las andropogoneas son frecuentes los lemas aristados, pero casi siempre de forma desigual, con arista solo en la flor hermafrodita de la espiguillas basal.

A diferencia de las tribus anteriores, en las andropogoneas predominan las especies autóctonas, aunque de amplia distribución en el Viejo Mundo. No obstante, se ha observado en las últimas décadas varias especies adventicias de los géneros *Bothriochloa* y *Dichanthium* –este último sin especies naturalizadas en el territorio– en zonas habitadas.

Géneros con representación (figs. 59 y 60): *Andropogon* L. (1), *Bothriochloa* Kuntze (2), *Hemarthria* R. Br. (1), *Heteropogon* Pers. (1), *Hyparrhenia* E. Fourn. (2), *Imperata* Cirillo (1), *Sorghum* Moench (2) y *Tripidium* H. Scholz (1).

Por su frecuencia y abundancia en taludes y pastizales degradados merecen especial mención las dos especies de *Hyparrhenia*: *H. hirta* (L.) Stapf e *H. sinaica* (Delile) G. López.

Subfamilia **Arundinoideae**

Tribu **Arundineae**

Esta pequeña tribu agrupa unos pocos géneros que tienen en común ciertas características principalmente anatómicas. El único de los géneros que incluye grandes cañas es precisamente el que conocemos en Europa, *Arundo*, que es el único de amplia distribución. Los demás incluyen hierbas perennes africanas o australásicas de porte menor.

Géneros con representación: *Arundo* L. (2).

La especie más común, *Arundo donax* L. (fig. 61 A), de origen asiático, se cultiva desde la antigüedad para proporcionar cañas largas –de 3,5 a 7 m cuando están completamente desarrolladas– y resistentes que se han utilizado como tutores y para la construcción de umbráculos, etc., en la agricultura tradicional. Hoy día se ha naturalizado ampliamente hasta el punto de constituir una planta invasora en bordes de lagunas y cursos de agua. Mucho menos conocida, salvo en el este de España, es la especie mediterránea *A. micrantha* Lam., de menor por-

Fig. 61.- Algunos representantes típicos de las tribus Arundineae (A, *Arundo donax*) y Molinieae (B, *Phragmites australis*). Fotos: JA.

te (2-5 m), distribución más reducida y nada agresiva en su comportamiento vegetativo. Ambas se diferencian de la caña más común, el carrizo [*Phragmites australis* (Cav.) Steud., tribu Molinieae; fig. 61 B], por sus lígulas exclusivamente membranáceas, no ciliadas –además de ciertos detalles de las espiguillas–.

Tribu **Molinieae**

Tribu muy próxima a la anterior, con su máxima representación en el Viejo Mundo y que también incluye algunas especies de gran porte. Las especies presentes en nuestro territorio tienen lígulas constituidas por una franja de cilios.

Géneros con representación: *Molinia* Schrank (1) y *Phragmites* Adans. (1).

Molinia caerulea (L.) Moench es una hierba robusta, propia de turberas y brezales húmedos, que está integrada por un complejo poliploide de amplia distribución, en el que los expertos han separado varias especies que son difíciles de reconocer morfológicamente.

Mucho más conocido es el carrizo común, *Phragmites australis* (Cav.) Steud. (fig. 61 A), muy extendido en todo tipo de lugares con humedad edáfica, donde se extiende vegetativamente gracias a sus largos rizomas y estolones. Al igual que la especie anterior, se trata de un complejo poliploide y muy variable morfológicamente, con poblaciones clónicas que pueden tener diferentes apetencias ecológicas. Sus cañas, por lo común menores que las de *Arundo donax*, pueden alcanzar los 6 m de altura en ciertas poblaciones y han sido muy usadas para la construcción y en labores artesanales tradicionales. En la actualidad es una de las especies más utilizadas en instalaciones de depuración biológica por su capacidad para absorber los contaminantes orgánicos o minerales de aguas residuales.

SUBFAMILIA **DANTHONIOIDEAE**

Tribu **Danthonieae**

Tribu con predominio de géneros australásicos y con escasa representación en Eurasia. Carecen de algún carácter morfológico diferencial, pero sus lígulas, al igual que en la tribu anterior, están constituidas por una franja de cilios cortos o largos.

Fig. 62.- Algunos representantes típicos de las tribus Danthonieae (A, *Cortaderia selloana*; foto JA) y Eragrostideae (B, *Eragrostis barrelieri*; foto CA).

Géneros con representación: *Cortaderia* Stapf (1), *Danthonia* DC. (1) y *Schismus* P. Beauv. (1)

Las tres especies de esta tribu representadas en nuestro territorio no podrían ser más diferentes entre sí. *Cortaderia selloana* (Schult. & Schult. f.) Asch. & Graebn. (fig. 62 A), especie sudamericana que crece en forma de macollas de gran tamaño, con cañas fértiles que alcanzan 3 m o más y rematadas por panículas en forma de plumero, ha sido muy usada en jardinería (carrizo de las Pampas), de donde ha pasado a ser una planta naturalizada y con cierto potencial invasor en las provincias de clima más benigno. *Danthonia decumbens* (L.) DC., es una hierba perenne y de porte mucho menor (hasta 50 cm), autóctona en Europa, que crece en turberas, brezales húmedos y otras formaciones higrófilas en sustrato ácido. Por último, *Schismus barbatus* (Loefl. ex L.) Thell., es una hierba anual pequeña (hasta de unos 30 cm), también autóctona, y que en España es más bien rara y poco conocida, pues se confunde fácilmente con especies de otros géneros. Solo es relativamente frecuente en pastos de lugares secos o semiáridos del centro, este y sur de España, y se puede reconocer fácilmente bajo la lupa por sus espiguillas multifloras, con glumas mucho más largas que los lemas (casi 3 veces más larga).

SUBFAMILIA **CHLORIDOIDEAE**

Tribu **Eragrostideae**

En esta tribu hay un predominio de géneros mericanos y australásicos, con numerosas especies de afinidad tropical o subtropical, todas con fotosíntesis de tipo C_4 y embriones relativamente grandes con respecto al tamaño del fruto. Las espiguillas suelen ser comprimidas lateralmente y de aspecto festucoide, pero a menudo se dispersan antes los frutos basales que los apicales. Sus hojas poseen lígulas constituidas por una franja de cilios y a veces presentan glándulas en la lámina. Los únicos géneros representados en nuestra flora son de amplia distribución y muy diferentes entre sí en lo morfológico.

Géneros con representación: *Enneapogon* Desv. ex P. Beauv. (1) y *Eragrostis* Wolf (8).

La presencia en el sur de Murcia de *Enneapogon persicus* Boiss., especie bien caracterizada por sus lemas provistos de 9 aristas apicales –algunas plumosas–, representa un enigma biogeográfico, ya que se trata de la única población conocida en la cuenca occidental del Mediterráneo[372]. El lugar donde crece no parece el más adecuado para una introducción reciente pero, de hecho, solo se conoce allí desde 1968 y la población más cercana está en Oriente Medio.

El género *Eragrostis* (fig. 62 B) cuenta con cinco especies autóctonas y otras tres naturalizadas en nuestro territorio, además de la presencia ocasional de otras especies americanas en ambientes antrópicos. Son muy características sus espiguillas, comprimidas lateralmente y multifloras, cuyos lemas y frutos se desprenden con independencia, dejando las páleas solitarias sobre el raquis. Algunas especies presentan glándulas crateriformes en las hojas o en los tallos que pueden atraer hormigas para la defensa contra los hervíboros.

Tribu **Zoysieae**

Tribu pequeña pero ampliamente repartida, que comparte con la anterior la lígula formada por cilios. Sus espiguillas, por el contrario, son unifloras, y se disponen en inflorescencias simples o complejas, y sus flores carecen de lodículas o las tienen carnosas.

Géneros con representación (fig. 63): *Crypsis* Aiton (3), *Spartina* Schreb. (4) y *Sporobolus* R. Br. (2).

372 Sánchez Gómez *et al.* (2001)

Fig. 63.- Algunos representantes típicos de las tribus Zoysieae (A, *Crypsis schoenoides*; B, *Crypsis alopecuroides*; C, *Spartina maritima*; D, *Sporobolus indicus*) y Cynodonteae (E, *Cynodon dactylon*). Fotos: JA.

Los estudios filogenéticos proponen la inclusión de los géneros *Crypsis* y *Spartina*, entre otros, en *Sporobolus*, a pesar de que sus especies son morfológicamente muy diferentes. Así, las especies del género *Crypsis* (figs. 63 B, C) son hierbas anuales, pequeñas, con panícula densa o incluso capituliforme, que crecen en los terrenos más o menos salobres o nitrificados que quedan al descubierto tras la desecación de bordes de laguna y zonas inundables. El género *Spartina* está integrado por especies perennes y tenaces que forman grandes clones en terrenos de marisma más o menos bañados por el mar. Sus inflorescencias son complejas, formadas por varias espigas que nacen a lo largo del mismo tallo. De las cuatro especies de *Spartina* que habitan en nuestras costas, solo *S. maritima* (Curtis) Fernald (fig. 63 C) es autóctona, las otras tres son especies procedentes del litoral atlántico americano que pueden competir o incluso hibridarse entre sí. Por último, el género *Sporobolus*, con más de 200 especies repartidas por todo el mundo, está representado en nuestro territorio solo por dos de ellas: *S. indicus* (L.) R. Br. (fig. 63 D), alóctona de origen tropical, que crece en céspedes urbanos y en ambientes ruderales, y *S. pungens* (Schreb.) Kunth, que crece bien en los terrenos arenosos del litoral gracias a sus rizomas y largos estolones.

Tribu **Cynodonteae**

Tribu muy nutrida y de gran complejidad sistemática –más de 90 géneros y unas 21 subtribus reconocidas–, con predominio de géneros americanos y otros africanos o australásicos. Resulta así muy difícil resumir las características morfológicas de la tribu como tal, pero sus inflorescencias son complejas, formadas por racimos espiciformes, y sus espiguillas están formadas por una o dos flores, rara vez tres, y están comprimidas lateralmente.

Géneros con representación: *Aeluropus* Trin. (1), *Chloris* Sw. (1), *Cleistogenes* Keng (1), *Cynodon* Pers. (1), *Dactyloctenium* Willd. (1), *Eleusine* Gaertn. (2), *Leptochloa* P. Beauv. (1), *Muhlenbergia* Schreb. (1) y *Tragus* A. Haller (1).

De las 10 especies aceptadas para nuestro territorio, solo cuatro son autóctonas, las demás proceden de zonas tropicales y subtropicales de América, Asia o África. Predominan las especies perennes, que forman céspedes extensos gracias a sus rizomas cundidores o largos estolones, al estilo de la grama común, *Cynodon dactylon* (L.) Pers. (fig. 63 E), y al igual que en esta, son frecuentes las inflorescencias formadas por espigas digitadas a modo de “pata de gallo” (v.gr. *Chloris* y *Eleusine*).

Otras especies tienen inflorescencias formadas por varias o nuerosas espigas o racimos repartidos a lo largo de la caña, como en *Aeluropus*, *Cleistogenes*, *Leptochloa*, *Muhlenbergia* y *Tragus*, este último representado aquí por *T. racemosus* (L.) All., especie anual cuyas espiguillas son de las más extrañas de la familia, por la presencia sobre la gluma inferior de gruesos pelos ganchudos, como espinas, que facilitan la dispersión epizoócora.

***

REFERENCIAS

Ainouche, M. L., Baumel, A., Salmon, A. & Yannic, G. (2003) Hybridization, polyploidy and Speciation in *Spartina* (Poaceae). *New Phytol.* 161: 165-172.

Ainouche, M. L., Fortune, P. M., Salmon, A., Parisod, C., Grandbastien, M. A., Fukunaga, K., Ricou, M. & Misset, M. T. (2009) Hybridization, polyploidy and invasion: lessons from *Spartina* (Poaceae). *Biol. Invasions* 11: 1159-1173.

Amarasinghe, V. & Watson, L. (1988) Comparative ultrastructure of microhairs in grasses. *Bot. J. Linn. Soc.* 98: 303-319.

Amarasinghe, V. & Watson, L. (1989) Variation in Salt Secretory Activity of Microhairs in Grasses. *Austr. J. Plant Physiol.* 16: 219-229.

APG IV (2016) An Update of the Angiosperm Phylogeny Group classification for the orders and families of flowering plants: APG IV. *Bot. J. Linn. Soc.* 181: 1-20.

Arber, A. (1923) Leaves of the Gramineae. *Bot. Gaz.* 76: 374-389.

Arber, A. (1934) *The Gramineae: a study of cereal, bamboo and grass*, pp. xvii + 480, The University Press, Cambridge.

Arranz-Otaegui, A., Gonzalez, L., Ramsey, M. L., Fuller, D. Q. & Richter, T. (2018) Archaeobotanical evidence reveals the origins of bread 14,400 years ago in northeastern Jordan. *Proc. Nat. Acad. Sci. U.S.A.* 115(31): 7925-7930.

Bal, A. R. & Dutt, S. K. (1986) Mechanism of salt tolerance in wild rice (*Oryza coarctata* Roxb). *Plant & Soil* 92: 399-404.

Bamboo Phylogeny Group (2012) An Updated Tribal and Subtribal Classification of the Bamboos (Poaceae: Bambusoideae). *J. Amer. Bamboo Soc.* 24(1): 1-10.

Barberá, P., Soreng, R. J., Peterson, P. M., Romaschenko, K., Quintanar, A. & Aedo, C. (2019) Molecular phylogenetic analysis resolves *Trisetum* (Poaceae: Pooideae: Koeleriinae) polyphyletic: Evidence for a new genus, *Sibirotrisetum* and resurrection of *Acrospelion*. *J. Syst. Evol.* 58(4): 517-526.

Baum, B. R. (1977) *Oats: Wild and Cultivated*. Cannada Department of Agriculture. Ottawa.

Baum, B. R. & Rajhathy, T. (1976) A study of *Avena macrostachya*. *Canadian Journal of Botany* 54(21): 2434-2439.

Bauman, U., Juttner, J., Bian, X. & Langridge, P. (2000) Self-incompatibility in the Grasses. *Ann. Bot.* 85 (Suppl. A): 203-209.

Bennett, M. D. & Leitch, I. J. (1997) Nuclear DNA amounts in Angiosperms –583 New Estimates. *Ann. Bot.* 80: 169-196.

Bennett, M. D. & Smith, J. B. (1976) Nuclear DNA Amounts in angiosperms. *Philos. Trans. Roy. Soc. London* B274: 227-274.

Bentham, G. (1881) Notes on Gramineae. *J. Linn. Soc. Bot.* 19: 14-134.

Bentley, B. L. (1976) Plants bearing extrafloral nectaries and the associated ant community: interhabitat differences in the reduction of herbivore damage. *Ecology* 57: 815-820.

Bentley, B. L. (1977) Extrafloral nectaries and protection by pugnacious bodywards. *Annu. Ecol. Syst.* 8: 407-427.

Bhanwra, R. K. (1988) Embryology in Relation to Systematics of Gramineae. *Ann. Bot.* 62: 215-233.

Blanco, E., Costa, M., Gispert, M., Morla, C., Sainz, Hec. & Sainz, Hel. (1991) *Mexico, gentes de maíz*. Jardín Botánico de Córdoba.

Blattner, F. R. (2018) Taxonomy of the Genus *Hordeum* and Barley (*Hordeum vulgare*). In: N. Stein and G. J. Muehlbauer (Eds.), *The Barley Genome,* Compendium of Plant Genomes, https://doi.org/10.1007/978-3-319-92528-8_2

Bogdan, A. V. (1962) Grass pollination by bees in Kenya. *Proc. Linn. Soc. London* 173(1): 57-173.

Bor, N. L. (1968) Gramineae. In: Townsend, C.C., Guest, E. & A. Al-Rawi (eds.) *Flora of Iraq*, vol. 9. Ministry of Agriculture. Baghdad.

Bothmer, R. von, Jacobsen, N., Baden, C., Jorgensen, R. B. & Linde-Laursen, I.B. (1991) *An Ecogeographical Study of the Genus Hordeum*. Systematic and Ecogeographic Studies in Gene Pool Crops, 7. Rome.

Bouchenak-Khelladi, Y., Muthama, A. & Linder, H.P. (2014) A revised evolutionary history of Poales: origins and diversification. *Bot. J. Linn. Soc.* 175: 4-16.

Bouchenak-Khelladi, Y., Verboom, G. A., Savolainen, V. & Hodkinson, T. R. (2010) Biogeography of the grasses (Poaceae): a phylogenetic approach to reveal evolutionary history in geographical space and geological time. *Bot. J. Linn. Soc.* 162: 543-557.

Bowden, B. N., (1970) The sugars in the extrafloral nectar of *Andropogon gayanus* var. *bisquamulatus*. *Phytochemistry* 9: 2315-2318.

Bowden, B. N., (1971) Studies on *Andropogon gayanus* Kunth. VI. The leaf nectaries of *Andropogon gayanus* var. *bisquamulatus* (Hochst.) Hack. (Gramineae). *Bot. J. Linn. Soc.* 64: 77-80.

Brandis, D. (1907) V. Remarks on the structure of bamboo leaves. *Trans. Linn. Soc. London, Bot.* 7(5): 69-89.

Breiman, A. & Graur, D. (1995) Wheat evolution. *Israel J. Pl. Sci.* 43: 85-98.

Bremer K. (2002) Gondwanan evolution of the grass Alliance of families (Poales). *Evolution* 56: 1374-1387.

Brown, R. (1810) *Prodromus florae Novae Hollandiae*, Vol. 1, 590 pp. London.

Brown, W. V. (1952) The relation of soil moisture to cleistogamy in *Stipa leucotricha*. *Bot. Gaz.* 113 (4): 438-444.

Brown, W. V. (1958) Leaf anatomy in Grass systematics. *Bot. Gaz.* 119(3): 170-178.

Brown, W. V. & Emery, H.P. (1958) Apomixis in the Gramineae. *Amer. J. Bot.* 45: 253-263

Brown, W. V. & Johnson, C. (1962) The fine structure of the Grass guard cell. *Amer. J. Bot.* 49(2): 110-115.

Bruns, E. (1892) Der Grasembryo. *Flora* 76: 1-33.

Burduja, C. & Tomas, C. (1971) Pilot data on the experimental and ecological anatomy and histology of some grasses. 7. Leaves of *Deschampsia flexuosa* (L.) Trin. *Herb. Abs.* 41: 3030.

Callaway, E. (2014) The birth of rice. *Nature* 514: S58-S59.

Campbell, C. S., Quinn, J. A., Cheplick, G. P. & Bell, T. J. (1983) Cleistogamy in Grasses. *Ann. Rev. Ecol. Syst.* 14: 411-441.

Camus, A. (1945) Sur la présence de nervures tessellées dans les feuilles de Graminées. *Bull. Mens. Soc. Linn. Soc. Bot. Lyon* 4: 70-73.

Canfield, R. H. (1934) Stem structure of grasses on the Jornada experimental range. *Bot. Gaz.* 95: 636-648.

Carolin, R. C., Jacobs, S. W. L. & Vesk, M. (1973) Th estructure of the cells of the mesophyll and parenchymatous bundle sheath of the Gramineae. *Bot. J. Linn. Soc.* 66: 259-275.

Catalán, P. & Olmstead, R.G. (2000) *Phylogenetic* reconstruction of the genus *Brachypodium* P. Beauv. (Poaceae) from combined sequences of chloroplast ndh F gene and nuclear ITSPl. *Plant Systematics and Evolution* 200: 1-19.

Céccoli, G., Ramos, J., Pilatti, V., Dellaferrera, I., Tivano, J. C., Taleisnik, E. & al. (2015) Salt glands in the Poaceae family and their relationship to salinity tolerance. *Bot. Rev.* 81: 162-178.

Cerling, T. E. (1992) Development of grasslands and savannas in East Africa during the Neogene. *Palaeogeography, Palaeoclimatology, Palaeoecology* 97: 241-247.

Chaffey, N. J. (1985) Structure and function in the grass ligule: presence of veined and membranous ligules on the same culm British Grasses. *New Phytol.* 101: 613-621.

Chaffey, N. J. (1994) Structure and function of the membranous grass ligule: a comparative study. *Bot. J. Linn. Soc.* 116: 53-69.

Chaffey, N. J. (2000) Research review: Physiological anatomy and function of the membranous grass ligule. *New Phytol.* 146: 5-21.

Chapman, G. P. & Peat W. E. (1992) An Introduction to the Grasses (including bamboos and cereals). C. A. B. International, Wallingford, Oxon OX-108DE, UK [trad. Ed. Acribia S.A., 1995, *Introducción a las Gramíneas*, Zaragoza].

Chase, A. (1908) Notes on cleistogamy of Grasses. *Bot. Gaz.* 45: 135-136.

Chase, A. (1918) Axillary cleistogenes in some American grasses. *Amer J. Bot.* 5: 254-258.

Cheng-Bang, A., Dong. W., Li, H., Zhang, P., & Zhao, Y., Zhao, X & Shi-Yong, Y. (2015) Variability of the stable carbon isotope ratio in modern and archaeological millets: evidence from Northern China. *J. Archaeol. Sci.* 53: 316-322.

Cheplick, G. P. & Clay, K. (1989) Convergent evolution of cleistogamy and seed heteromorphism in two perennial grasses. *Evol. Trends Pl.* 3(2): 127-136.

Chrysler, M. A. (1906) The nodes of grasses. *Bot. Gaz.* 41: 1-17.

Chrystenhusz, J. M., Fay, M. E. & Chase, M. W. (2017) *Plants of the world.* Kew Publishing. Royal Botanic Gardens, Kew.The University of Chicago Press.

Chumová, Z, Krejčíková, J., Mandáková, T., Suda, J. & Trávníček, P. (2015) Evolutionary and Taxonomic Implications of Variation in Nuclear Genome Size: Lesson from the Grass Genus Anthoxanthum (Poaceae). Plos ONE. DOI:10.1371/journal.pone.0133748

Clark, L. G. & Fisher, J. B. (1987) Vegetative morphology of grasses: shoots and roots. *In*: Soderstrom, T. R., Hilu, K. W., Campbell, C. S. & Barkworth, M. E. (eds.) *Grass systematics and evolution*, 37-45. Smithsonian Institution Press. Washington DC.

Clark, L. G., Kobayashi, M., Mathews, S., Spangler, R. E. & Kellogg, E .A. (2000) The Puelioideae, A New Subfamily of Poaceae. *Syst. Bot.* 25(2): 181-187.

Clark, L.G., Zhang, W. & Wendel, J. F. (1995) A Phylogeny of the Grass Family (Poaceae) Base on ndff Sequence Data. *Syst. Bot.* 20(4): 436-460.

Clarke, J. (1960) Preparation of leaf epidermis for topographic study. *Stain. Technol.* 35(1): 35-39.

Clauson, M. Th. (1859) Observations sur la gaine et la vernation dans la famille des Graminées. *Bull. Soc. Bot. France* 60: 199-203.

Clay, K. (1982) Environmental and genetic determinants of cleistogamy in a natural population of the grass *Danthonia spicata*. *Evolution* 36: 734-741.

Clay, K. (1983) Variation in the degree of cleistogamy within and among species of the Grass *Danthonia*. *Am. J. Bot.* 70(6): 835-843.

Clay, K. & Antonovics, J. (1985) Quantitative variation of progeny from chasmogamous andcleistogamous flowers in the grass Danthonia spicata. *Evolution* 39(2): 335-348.

Clayton, W. D. (1981) Evolution and distribution of grasses. *Ann. Missouri Bot. Gard.* 68: 5-14.

Clayton, W. D. (1990) The spikelet. *In*: Chapman, G. P. (ed.) *Reproductive Versatility in the Grasses*, 32-51. Cambridge University Press. Cambridge.

Clayton, W. D. & Renvoize, S. A. (1986) *Genera graminum: grasses of the world.* HMSO Books. London.

Clayton, W. D., Vorontsova, M. S., Harman, K. T. & Williamson, H. (2006) *World Grass Species: Descriptions, Identification, and Information Retrieval.* http://www.kew.org/data/grasses-db.html. [último acceso el 2 de julio de 2017]

Clifford, H. T. (1987) Spikelet and floral morphology. *In*: Soderstrom, T. R., Hilu, K. W., Campbell, C. S. & Barkworth, M. E. (eds.) *Grass systematics and evolution*, 21-30. Washington. DC: Smithsonian Institution Press.

Clifford, H. T. & Goodall, D. W. (1967) A numerical contribution to the classification of Poaceae. *Austr. J. Bot.* 15: 499-519.

Connor, H. E. (1979) Breeding systems in the grasses: a survey. *New Zeal. J. Bot.* 17: 547-574.

Connor, H. E. (1981) Evolution of reproductive systems in the Gramineae. *Ann. Missouri Bot. Gard.* 68: 48-74.

Connor, H. E. (1984) Breeding systems in New Zealand grasses IX: Sex ratios in dioecious *Spinifex sericeus*. *New Zeal. J. Bot.* 22: 569-574.

Connor, H. E. (1987) Reproductive biology in the grasses. *In*: Soderstrom, T. R., Hilu, K. W., Campbell, C. S. & Barkworth, M. E. (eds.) *Grass systematics and evolution*, 117-132. Washington. DC. Smithsonian Institution Press.

Cotton, R. & Stace, A. C. (1977) Morphological and anatomical variation of *Vulpia* (Gramineae). *Bot. Not.* 130: 173-187.

Coulter, J. M. (1915) The origin of monocotyledony. II. Monocotyledony in grasses. *Ann. Missouri Bot. Gard.* 2: 175-183.

Crepet, W. L. & Feldman, G. D. (1991) The earliest remains of grasses in the fossil record. *Amer. J. Bot.* 78: 1010-1014.

Cross, R. A. (1980) Distribution of sub-families of Gramineae in the Old World. *Kew Bull.* 35(2): 279-289.

Dahlgren, R. M. T., Clifford, H. T. & Yeo, P. F. (1985) *The families of the Monocotyledons*. Berlin. Springer Verlag.

D'Amato, G. & Spieksma, F. Th. M. (1991) Allergenic pollen in Europe. *Grana* 30: 67-70.

D'Amato, G. & Spieksma, F. Th. M. (1992) European allergenic pollen types. *Aerobiologia* 8: 447-450.

D'Antonio, C. M. G. & Vitousek, P. M. (1992) Biological invasions by exotic grasses, the grass/fire cycle, and global change. *Ann. Rev. Ecol. Syst.* 23: 63-87.

Dassanayake, M. & Larkin, J. C. (2017) Making Plants Break a Sweat: the Structure, Function, and Evolution of Plant Salt Glands. *Front. Plant Sci.*, 28. https://doi.org/10.3389/fpls.2017.00406

Datta, S. C., Evenary, M. & Gutterman, Y. (1979) The heteroblasty of *Aegilops ovata* L. *Israel J. Bot.* 19: 463-483.

Davidse, G. (1987) Fruit dispersal in the Poaceae. *In*: Soderstrom, T. R., Hilu, K. W., Campbell, C. S. & Barkworth, M. E. (eds.) *Grass systematics and evolution*: 143-155. Washington. DC. Smithsonian Institution Press.

Davis, J. I. & R. J. Soreng (1993) Phylogenetic structure in the Grass family (Poaceae) as inferred from chloroplast DNA restriction site variation. *Am. J. Bot.* 80(12): 1444-1454.

de Wet, J. M. J. (1987) Hybridization and Poliploidy in the Poaceae. *In*: Soderstrom, T. R., Hilu, K. W., Campbell, C. S. & Barkworth, M. E. (eds.) *Grass systematics and evolution*, 188-194. Washington. DC: Smithsonian Institution Press.

de Wet, J. M. J. & Harlan, J. R. (1971) The origin and domestication of *Sorghum bicolor*. *Econ. Bot.* 25: 128-135.

de Wet, J. M. J. & Huckabay, J. P. (1967) The origin of Sorghum bicolor. II. Distribution and domestication. *Evolution* 211: 787-802.

Devesa, J. A. (1992) *Anatomía foliar y palinología de las gramíneas extremeñas*. Servicio de Publicaciones de la Universidad de Extremadura. Serie Monografías Botánicas. Badajoz.

Devesa, J. A. & Carrión, J. S. (2012) *Las plantas con flor. Apuntes sobre su origen, clasificación y diversidad*. Servicio de Publicaciones de la Universidad de Córdoba. Córdoba.

Devesa, J. A., Martínez-Sagarra, G., López, E., Muñoz Rodríguez, A., Cebolla, A. & E. Ortúñez (2020) *Festuca*. *In*: Devesa, J.A., Romero-Zarco, C., Buira, A., Quintanar, A. & Aedo, C. (Eds.) *Flora iberica. Plantas vasculares de la Península Ibérica e Islas Baleares. Gramineae (partim)* XIX: 200-373.

Devesa, J. A., Romero-Zarco, C., Buira, A., Quintanar, A. & Aedo, A. (Eds., 2020) *Flora iberica. Plantas vasculares de la Península Ibérica e Islas Baleares. Gramineae (partim),* XIX (1): 1-738. CSIC. Madrid.

Diacon-Bolli, J. C., Edwards, P. J., Bugmann, H., Scheidegger, C. & Wagner H. H. (2013) Quantification of plant dispersal ability within and beyond a calcareous grassland. *J. Veg. Sci.* 24: 1010-1019.

Díaz-Castelazo, C., Rico-Gray, V., Ortega, F. & Ángeles, G. (2005) Morphological and Secretory Characterization of Extrafloral Nectaries in Plant Coastal Veracruz, Mexico. *Ann. Bot.* 96: 1175-1189.

Duval-Jouvé, M. J. (1875) Histotaxie des feuilles des Graminées. *Ann. Sci. Nat., sér.* 6, 1: 294-371.

Edwards, G. E. & Ku, M. S. B. (1987) Biochemistry of C3-C4 intermediates. In: Hatch, M. D. & Boardman, N. K. (Eds.) *The biochemistry of plants. A comprehensive treatise.* 10: 275-325.

Elbaum, R., Zaltzman, L., Burgert, I. & Fratzl, P. (2007) The role of wheat awns in the seed dispersal unit. *Science* 316: 884-886.

Elias, S. (1983) *Extrafloral nectaries: Their structure and Distribution. In*: Bentley, B. & Elias, S. (Eds.). The Biology of Nectaries : 174-203. Columbia University Press. New York.

Ellis, R. P. (1976) A procedure for standardizing comparative leaf anatomy in the Poaceae. I. The leaf blade as viewed in transverse section. *Bothalia* 12: 65-109.

Ellis, R. P. (1979) A procedure for standardizing comparative leaf anatomy in the Poaceae. II. The epidermis as seen in surface view. *Bothalia* 12: 641-671.

Ellis, R. P. (1987) A Review of Comparative Leaf Blade Anatomy in the Systematics of the Poaceae: The Past Twenty-Five Years. *In*: Soderstrom, T. R., Hilu, K. W., Campbell, C. S. & Barkworth, M. E. (eds.) *Grass systematics and evolution*, 3-10. Washington. DC: Smithsonian Institution Press.

Esau, K. (1972) *Anatomía vegetal*. Barcelona.

Faegri, K. & L. Pijl, van der (1979) *The principles of pollination ecology*, ed. 3. Ed. Pergamon Press Ltd. Oxford.

Fahn, A. (1985) *Anatomía vegetal*, ed. 3. Barcelona.

Filgueiras, T. S. (1988) A floraçao dos bambús e seu impacto ecológico. *Eugeniana* 15: 1-8.

Fleischmann, A., Michael, T. P., Rivadavia, F., Sousa, A., Wang, W., Temsch, E. M., Greilhuber, J., Muller, K. F. & Heubl, G. (2014) Evolution of genome size and chromosome number in the carnivorous plant genus Genlisea (Lentibulariaceae), with a new estimate of the minimum genome size in angiosperms. *Annals of Botany* 114: 1651–1663.

Flowers, T. J., S. A. Flowers, M. A. Hajibagheri & Yeo, A. R. (1990) Salt tolerance in the halophytic wild rice, *Porteresia coarctata* Tateoka. *New Phytologist* 114: 675-684.

Frankel, R. & Galun, E. (1977) *Pollination Mechanisms, Reproduction and plant Breeding*. Stringer Verlag. Berlin, Heidelberg & New York.

Frederiksen, S. & Petersen, G. (1998) A taxonomic revision of *Secale* (Triticeae, Poaceae). *Nordic J. Bot.* 18: 399-420.

Freier, F. (1959) Las células clorenquimáticas del mesófilo de las gramíneas. *Revista Argent. Agron.* 26(1-2): 1-16.

Friedman, J. & Barrett, S. C. H. (2008) A phylogenetic analysis of the evolution of wind pollination in the angiosperms. *Int. J. Plant Sciences* 169: 49-58.

Fuente, V. & Ortúnez, E. 2001. *Festuca* sect. *Eskia* (*Poaceae*) in the Iberian Peninsula. *Folia Geobot.* 36: 385-421.

Fuller, D. Q. & Stevens, C. J. (2018) The Making of the Botanical Battleground: Domestication and the Origins of the World's Weed Floras. *In*: Lightfoot, E., Liu, X. & Fuller, D. Q. (eds.) *Far from the Hearth*: 9-21. McDonald Institute for Archaeological Research. University of Cambridge.

Gallaher, T. J., Adams, D. C., Attigala, L., Burke, S. V., Craine, J. M., Duvall, M. R., Klahs, P. C., Sherratt, M., Wysocki, W. P. & Clark, L. G. (2019) Leaf shape and size track habitat transitions across forest–grassland boundaries in the grass family (Poaceae). *Evolution* 73(5): 927-946.

García-Villaraco, A. & Rivas-Ponce, M. A. (1988) Dos casos inusuales de pseudoviviparidad en gramíneas. *Bol. Real Soc. Esp. Hist. Nat.* 84: 91-93.

Gardener, C. J., McIvor, J. G. & Janse, A. (1993) Passage of legume and Grass sedes through the digestive tract of cattle and their survival in faeces. *J. Appl. Ecol.* 30: 63-74.

Gaut, B.S. (2002) Evolutionary dynamics of grass genomes. *New Phytologist* 154: 15-28.

Goldberg, A. (1989) Classification, Evolution, and Phylogeny of the Families of Monocotyledons. *Smithsonian Contr. Bot.* 71.

González Bernáldez, F. (1997) *Gramíneas pratenses de Madrid*. Ed. Consejería de Medio Ambiente y Desarrollo Regional. Madrid. 287 pp.

GPWG –Grass Phylogeny Working Group– (2001). Phylogeny and subfamilial classification of the grasses (*Poaceae*). *Ann. Missouri Bot. Gard.* 88: 373-457.

GPWG –Grass Phylogeny Working Group– (2012) New grass phylogeny resolves deep evolutionary relationships and discovers C4 origins. *New Phytol.* 193: 304-312.

Grant, V. (1963) *The origin of adaptations*. New York, USA: Columbia University Press.

Grant, V. (1981) *Plant Speciation*, 2ª ed. Columbia Univ. Press. New York.

Groves H. & Groves, J. (1880) *Spartina townsendii* nobis. *Rep. Bot. Exch. Club Brit. Isles* 1: 37.

Grundbacher, F. J. (1963) The physiological function of the cereal awn. *Bot. Rev.* 29: 366-381.

Guérin, P. (1899) Recherches sur le développement du tégument sémila et du péricarpe des Graminées. *Ann. Sci. Nat. ser.* 8, 9: 1-59.

Guerreiro, C. (2014) Flowering cycles of woody bamboos native to southern South America. *J. Plant Res*. 127: 307-313.

Guignard, J. L. (1961) Recherches sur l'embryogénie des Graminées; rapports des Graminées avec les autres Monocotylédones. *Ann. Sci. Nat. ser* 12, 2: 491-610.

Hackel, E. (1881) Untersuchungen über die Lodiculae der Gräser. *Bot. Jahrb.* 1: 331-361.

Hackel, E. (1906a) Über Kleistogamie bei den Gräsern. *Oesterr. Bot. Z.* 56: 81-88.

Hackel, E. (1906b) Über Kleistogamie bei den Gräsern. *Oesterr. Bot. Z.* 56: 143-154.

Hackel, E. (1906c) Über Kleistogamie bei den Gräsern. *Oesterr. Bot. Z.* 56: 180-186.

Hardy, J. P., Anderson, V. J. & Gardner, J. S. (1995) Stomatal characteristics, conductance ratios, and drought-induced leaf modifications of semiarid grassland species. *Amer. J. Bot*. 82(1). 1-7.

Harlan, J. R. (1982) Human Interference with Grass Systematics. *In*: Estes, J. R., Tyrl, R. J. & Brunken, J. N. (Eds.) *Grasses and Grasslands*: 37-50. University of Oklahoma Press-Norman. Oklahoma.

Harlan, J. R. & de Wet, J. M. J. (1972) A Simplified Classification of Cultivated *Sorghum*. *Crop sci.*12: 172-176.

Harmer, R. & Lee, J. A., 1978. The germination and viability of *Festuca vivipara* (L.) Sm. plantlets. *New Phytol.* 81: 745–751.

Hartley, W. (1958a) Studies on the origin, evolution and distribution of the Gramineae. I. The tribe Andropogoneae. *Austr. J. Bot*. 1: 115-128.

Hartley, W. (1958b) Studies on the origin, evolution and distribution of the Gramineae. II. The tribe Paniceae. *Austr. J. Bot*. 6(4): 343-357.

Hartley, W. (1960) Studies on the origin, evolution and distribution of the Gramineae. III. The Tribes of the Subfamily Eragrostoideae. *Austr. J. Bot*. 8(3): 256-276.

Hartley, W. (1973) Studies on the origin, evolution and distribution of the Gramineae. V. The Subfamily Festucoideae. *Austr. J. Bot*. 21(2): 201-234.

Hattersley, P. W. (1986) Variations in Photosynthetic Pathway. *In*: Soderstrom, T. R., Hilu, K. W., Campbell, C. S. & Barkworth, M. E. (Eds.). *Grass Systematics and Evolution*: 49-64. Smithsonian Institution Press. Washington D.C., London.

Hattersley, P. W. & Stone, N. E. (1986) Photosynthetic Enzyme Activities in the C3-C4 Intermediate *Neurachne minor* S.T. Blake (Poaceae). *Austr. J. Plant Physiol.* 13: 399-488.

Hattersley, P. W., Suan-Chin, W., Perry, S. & Roksandic, Z. (1986) Comparative ultrastructure and gas exchange characteristics of the C3-C4 intermediate *Neurachne minor* S. T. Blake (Poaceae). *Plant Cell. Environ.* 9: 217-233.

Hayman, D. L. (1992) The S-Z incompatibility sytem. *In*: Chapman, G. P. (ed.) *Grass Evolution and Domestication*: 117-137. Cambridge University Press. Cambridge.

Herrera, I., Ramírez, N. & Nassar, J. M.. (2009) La biología reproductiva en la predicción del potencial invasor de plantas exóticas. *In*: Medel, R., Aizen, M. A. & Zamora, R. (Eds.) *Ecología y evolución de interacciones planta-animal*: 263-285. Editorial Universitaria. Santiago de Chile.

Heslop-Harrison, J. & Heslop-Harrison, Y. (1987). Pollen-estigma interaction in the grasses. *In*: Soderstrom, T. R., Hilu, K. W., Campbell, C. S. & Barkworth, M. E. (eds.) *Grass systematics and evolution*, 133-142. Washington. DC. Smithsonian Institution Press.

Heywood, V. H. (1985) *Las plantas con flores*. Ed. Reverté. Barcelona.

Hill, A. F. (1965) *Botánica Económica. Plantas útiles y productos vegetales*. Ed. Omega. Barcelona.

Hilu, K. W. (1985a) Biological basis for adaptation in grasses: an introduction. *Ann. Missouri Bot. Gard.* 72: 823.

Hilu, K. W. (1985b) Trends of variation and systematics of Poaceae. *Taxon* 34(1): 102-114.

Hilu, K. W. (2007) A century of progress in grass systematics. *Kew Bull.* 62: 355-373.

Hilu, K. W., Alice, L. A. & Liang, H. (1999) Phylogeny of Poaceae inferred from *mat*K sequences. *Ann. Missouri Bot. Gard.* 86: 835-851.

Hilu, K. W. & Randall, J. L. (1984) Convenient method for studying grass leaf epidermis. *Taxon* 33: 413-415.

Hitchcock, A. S. (1935) *Manual of Grasses of the United States*. US Department of Agriculture, 1-1040. Washington, D.C.

Hitchcock, A. S. & Chase, A. (1951) *Manual of Grasses of the United States*, ed. 2. US Department of Agriculture: 1-1051. Washington, D.C.

Hodkinson, T. R. (2018) Evolution and taxonomy of the grasses (Poaceae): a model family for the study of species-rich groups. *Ann. Pl. Rev.* 1: 1-39.

Hoshikawa, K. (1969) Underground organs of the seedlings and the systematics of Gramineae. *Bot. Gaz.* 130(3): 192-203.

Hsiao, C., Jacobs, S. W. L., Chatterton, N J. & Asay, K. H. (1999) A Molecular Phylogeny of the Grass Family (Poaceae) Based on the Sequences of Nuclear Ribosomal DNA (ITS). *Austr. Syst. Bot.* 11: 667-688.

Hubbard, C. E. (1968) *Grasses*, 2ª ed. Penguin Books.

Hunt, H. V., Rudzinski, A., Jiang, H., Wang, R., Thomas, M. G. & Jones, M. K. (2018) Genetic evidence for a western Chinese origin of broomcorn millet (*Panicum miliaceum*). *The Holocene* 28(12): 1968-1978.

Hunziker, J. H. & Stebbins, G. L. (1987) Chromosomal Evolution in the Gramineae. *In*: Soderstrom, T. R., Hilu, K. W., Campbell, C. S. & Barkworth, M. E. (eds.) *Grass systematics and evolution*, 179-187. Washington. DC: Smithsonian Institution Press.

Iltis, H. H. (1987) Maize Evolution and Agricultural Origins. *In*: Soderstrom, T. R., Hilu, K. W., Campbell, C. S. & Barkworth, M. E. (eds.) *Grass systematics and evolution*: 195-213. Smithsonian Institution Press. Washington DC.

Inamdar, J. A. (1970) Epidermal structure and development of stomata in some Gramineae. *Bull. Soc. Bot. France* 117: 385-394.

Infante-Izquierdo, M. D., Gallego-Tévar, B., Sánchez-Gullón, E., Nieva, F. J., Grewell, B. J., Castillo, M. J. & Muñoz-Rodríguez, A. F. (2019) Morphological and anatomical evidence supports differentiation of new interspecific hybrids from native *Spartina maritima* and invasive *S. densiflora* (Poaceae, subfamily Chloridoideae). *Plant Syst. Evol.* 305: 531-547.

Izaguirre, P. & Laguardia, A. (1987) Un nuevo enfoque hacia la definición del fruto de las Gramíneas. *Uruguay. Fac. Agron. Bol. Invest.* 3: 1-15.

Jacobs, B. F., Kingston, J. D. & Jacobs, L. L. (1999) The origin of grass-dominated ecosystems. *Ann. Missouri Bot. Gard.* 86: 590-643.

Jaeger, P. (1957a) Les aspects actuels du problème del l'entomogamie (première partie). *Bull. Soc. Bot. France* 104: 179-222.

Jaeger, P. (1957b) Les aspects actuels du problème del l'entomogamie. *Bull. Soc. Bot. France* 104: 353-413.

Jaeger, P. (1963) *La extraña vida de las flores*. Ed. Juventud S.A. Barcelona.

Janzen, D. H. (1976) Why bamboos wait so long to flower. *Ann. Rev. Ecol. Syst.* 7(1): 347-391.

Jirásek, V. & Jozífová, M. (1968) Morphology of lodicules, their variability and importance in the taxonomy of the Poaceae family. *Bol. Soc. Argent. Bot.* 12: 324-349.

Johnson, S. C. & Brown, W. V. (1973) Grass leaf ultrastructural variation. *Amer. J. Bot.* 60(8): 727-735.

Johnston, C. R. & Watson, L. (1977) Microhairs: a universal characteristic of non-festucoid grass genera?. *Phytomorphology* 26(3): 297-301.

Johnston, C. R. & Watson, L. (1981) Germination flaps in grass lemmas. *Phytomorphology* 31: 78-85.

Jones, C. A. (1985) C_4 *Grasses and Cereals. Growth, Development, and Stress Response*. A Wiley-Interscience publication.

Judziewicz, E. J. & Clark, L. G. (2007) Classification and biogeography of New World grasses: Anomochlooideae, Pharoideae, Ehrhartoideae, and Bambusoideae. *Aliso* 23: 303–314.

Judziewicz, E. J. & Soderstrom, T. R. (1989) A taxonomical-anatomical-morphological study of the Anomochleae and Streptochaete (Poaceae). *Smithsonian Contr. Bot.* 68: 1-52.

Judziewicz, E. J., Soreng, R. J., Davidse, G., Peterson, P. M., Filgueiras, T. S. & Zuloaga, F. O. (2000) Catalogue of New World grasses (Poaceae): I. subfamilies Anomochlooideae, Bambusoideae, Ehrhartoideae, and Pharoideae. *Contr. U.S. Natl. Herb.* 39: 1-128.

Kabuye, C. H. S. & Wood, D. (1969) A first record of multicelular gland hairs in the Gramineae. *Bot. J. Linn. Soc*. 62: 69-70.

Kawamura, S. (1927) On the periodical flowering of the bamboo. *Jap. J. Bot.* 3: 335-342.

Kellogg, E. A. (2000) The Grasses: A Case Study in Macroevolution. *Annu. Rev. Ecol. Syst.* 31: 217-238.

Kellogg, E. A. (2001) Evolutionary history of the grasses. *Pl. Physiol.* 125: 1198-1205.

Kellogg, E. A. (2015) *Flowering Plants. Monocots*. Springer International Publishing, Switzerland.

Kinney, M. S., Columbus, J. T. & Friar, E. A. (2008) Unisexual flower, spikelet, and inflorescence development in monoecious/dioecious *Bouteloua dimorpha* (Poaceae, Chloridoideae). *Amer. J. Bot*. 95: 123-132.

Klapp, E. (1983) *Taschenbuch der Gräser*, ed. 11. Verlag Paul Parey, Berlin und Hamburg. [trad. J. Ayala, *Manual de las gramíneas*, Ed. Omega S.A., Barcelona. 1987].

Knox, R. B. (1967) Apomixis: Seasonal and Population Differences in a Grass. *Science* 157: 325-326.

Knuth, P. (1909) *Handboof of flower pollination*, vol. III (trad. de J.R. Ainsworth). Clarendon Press. Oxford.

Krause, E. H. L. (1910) Ein Besserungsversuch am System der Gramineen. *Beih. Bot. Centr*. 25: 421-488.

Kron, P., Suda, J. & Husband, B. C. (2007) Applications of Flow Cytometry to Evolutionary and Population Biology. *Ann. Rev. Ecol. Syst.* 38: 847-876.

Kuwabara, Y. (1960) The first seedling leaf in Grass systematics. *Journ. Jap. Bot*. 35(5): 139-144.

Ladizinsky, G. (1998) A new species of *Avena* from Sicily, possibly the tetraploid progenitor of hexaploid oats. *Genet. Resources Crop Evol.* 45: 263-269.

Laffranchi, Z., Delgado, A., Jiménez, S. A., Granados, A. & Riquelme, J. A. (2016) Stable C & N isotopes in 2100 Year-B.P. human bone collagen indicate rare dietary dominance of C4 plants in NE-Italy. *Scientific Reports* 6: 38817. doi: 10.1038/srep38817.

Langer, R. H. M. & Ryle, G. J. A. (1958) Vegetative proliferations in herbage grasses. *J. Brit. Grassland Soc.* **13:** 29-33.

Latting, J. (1972) Differentiation in the Grass Inflorescence. *In*: Youngner, V. B. & Mc Kell, C. M. (Eds.) *The Biology and Utilization of Grasses*: 365-399. Academic Press. New York, London, Toronto, Sydney, San Francisco.

Leitch, I. J. & Bennett, M. D. (2004) Genome downsizing in polyploid plants. *Biol. J. Linn. Soc.* 82: 651-633.

Leitch, A. R. & Leitch, I. J. (2008) Genomic plasticity and the diversity of polyploid plants. *Science* 320: 481-483.

Levin, D. A. (2002) *The Role of Chromosomal Change in Plant. Evolution.* Oxford Series in Ecology and Evolution. Oxford University Press.

Levy, A. A. & Feldman, M. (2002) The impact of polyploidy on grass genome evolution. *Plant Physiol.* 130: 1587-1593

Linder, H. P. (1987) The evolutionary history of the Poales/Restionales-a hypothesis. *Kew Bull.* 42: 297-318.

Linder, H. P., Thompson, J. F., Ellis, R. P. & Perold, S. M. (1990) The occurrence, anatomy, and systematic implications of the glands in Pentaschistis and Prionanthium (Poaceae, Arundinoideae, Arundineae). *Bot. Gaz.* 151(2): 221-233.

Liphschitz, N. & Waisel, Y. (1974) Existence of salt glands in various genera of the Gramineae. *New Phytol.* 73: 507–513.

Liu, Q., Lin, L., Zhou, X., Peterson, P. M. & Wen, J. (2017) Unraveling the evolutionary dynamics of ancient and recent polyploidization events in *Avena* (Poaceae). *Scientific Reports* 7: 41944; doi: 10.1038/srep41944.

Lombardo, F. & Yoshida, H. (2015) Interpreting lemma and palea homologies: A point of view from rice floral mutants. *Front. Plant Sci.* 6: 1-6.

López Bellido, L. (1991) *Cultivos herbáceos. I. Cereales*. Ed. Mundi-Prensa. Madrid.

Loskutov, I. G. (2008) On evolutionary pathways of *Avena* species. *Genet. Resour. Crop. Evol.* 55: 211-220.

Loskutov, I. G. & Rines, H. (2011) *Avena*. En: Kole, C. R. (ed.), *Wild Crop Relatives: Genomic and Breeding Resources*, 497 pp. Springer-Verlag Berlin Heidelberg.

Lundqvist, A. (1954) Studies on self-sterility in rye, *Secale cereale* L. *Hereditas* 40(3-4): 278-294.

Lysak, M. A. & Dolezel, J. (1998) Estimation of nuclear DNA content in *Sesleria* (Poaceae). *Caryologia* 51(2): 123-132.

Malcomber, S. T. & Kellogg, E. A. (2006) Evolution of unisexual flowers in grasses (Poaceae) and the putative sex-determination gene, ASSELSEED2 (TS2). *New Phytol.* 170: 885-899.

Marañón, T. (1987) Ecología del polimorfismo somático de semillas y la sinaptospermia en *Aegilops neglecta* Req. ex Bertol. *Anales Jard. Bot. Madrid* 44: 97-107.

Marchant, C. J. (1967) Evolution in *Spartina* (Gramineae). I. The history and morphology of the genus in Britain. *Bot. J. Linn. Soc.* 60(131): 1-24.

Maricle, B. R., Koteyeva, N. K., Voznesenskaya, E. V., Thomasson, J. R. & Edwards, G. E. (2009). Diversity in leaf anatomy, and stomatal distribution and conductance, between salt marsh and freshwater species in the C4 genus *Spartina* (Poaceae). *New Phytol.* 184: 216-233.

Martínez-Sagarra, G., Abad, P. & Devesa, J.A. (2017) Study of the leaf anatomy in cross-section in the Iberian species of *Festuca* L. (Poaceae) and its systematic significance. *PhytoKeys* 83: 43–74

Martínez-Sagarra, G., Castro, S., Mota, L., Loureiro, J. & Devesa, J. A. (2021) Genome Size, Chromosome number and morphological data reveal unexpected infraspecific variability in *Festuca* (Poaceae). *Genes 12,* 906.

Masterson, J. (1994) Stomatal size in fossil plants: evidence for polyploidy in majority of Angiosperms. *Science* 264: 421-423.

Matsuoka, Y., Vigouroux, Y., Goodman, M. M., Sanchez, J., Buckler, E., & Doebley, J. (2002) A single domestication for maize shown by multilocus microsatellite genotyping. *PNAS* 99(9): 6080 6084.

Mauseth, J. D. (1988) *Plant Anatomy*. Menlo Park. California.

Mayer, V. E. (2009) Tragedienste gegen Nahrung: Ameisen als Frucht- und Samenverbreiter. *Denisia* 25: 107-118.

Mereďa Jr., P. Majerová, M., Somlyay, L., Pekárik, L. & Hodálová, I. (2019) Genome size variation in the Western Carpathian *Sesleria* (Poaceae) species. *Pl. Syst. Evol.* 305: 845-864.

Metcalfe, C. R. (1960) *Anatomy of the Monocotyledons*, vol. 1. Oxford University Press. London.

Metcalfe, C. R. & Clifford, H. T. (1968). Microhairs in grasses. *Kew Bull.* 21(3): 490.

Meyerowtiz, E. M. (1994) De-evolution and re-evolution of maize. *Curr. Biol.* 4(2): 127-130.

Miki, Y., Yoshida, K., Mizuno, Y., Nasuda, S., Sato, K. & Takumi, S. (2019) Origin of wheat B-genome chromosomes inferred from RNA sequencing analysis of leaf transcripts from section Sitopsis species of *Aegilops*. *DNA Res.* 26(2): 171-182.

Mizell, R. F. (2019) *Many Plants Have Extrafloral Nectaries Helpful to Beneficials*. Document ENY-709. Department of Entomology and Nematology, UF/IFAS Extension. University of Florida.

Mladá, J. (1977) The histological structure of the grass embryos and its significance for the taxonomy of the family Poaceae. *Acta Univ. Carol., Biol.* 2-3: 51-156.

Molano-Flores, B. (2012) Diaspore morphometrics and self-burial in *Hesperostipa spartea* from loam and sandy soils. *J. Torrey Bot. Soc.* 139: 56-62.

Müller, H. (1883) *The fertilisation of flowers*. Macmillan & Co. London.

Murbach, L. (1900) Note on the mechanics of the seed-burying awns of *Stipa avenacea*. *Bot. Gaz.* 30: 113-117.

Negbi, M. (1984) The structure and function of the scutellum of the Gramineae. *Bot. J. Linn. Soc.* 88: 205-222.

Nelson, T. & Langdale, J.A (1989) Patterns of Leaf Development in C4 Plants. *Plant Cell* 1: 3-13.

Nicora, E. G. (1941) Contribución al estudio histológico de las Glándulas epidérmicas de algunas especies de Eragrostis. *Darviniana* 5: 316-321.

Nicora, E. G. & Rugolo, Z. E. (1987) *Los géneros de gramíneas de América austral*. Ed. Hemisferio Sur. Buenos Aires.

Niklas, K. J. (1985) The Aerodynamics of Wind Pollination. *Bot. Rev.* 51(3): 328-386).

Niklas, K. J. (1987) Pollen Capture and Wind-Induced Movement of Compact and Diffuse Grass Panicles: Implications for Pollination Efficiency. *Amer. J. Bot.* 74(1): 74-89.

Oakes, A. J. (1990) *Ornamental Grasses and Grasslike Plants*. Ed. Van Nostrand Reinhold. New York.

Oross, J. W. & Thompson, W. W. (1982) The ultrastructure of the salt glands of *Cynodon* and *Distichlis* (Poaceae). *Amer. J. Bot.* 69(6): 939-949.

Ortega-Olivencia, A., Rodríguez-Riaño, T., López, J. & Valtueña, F. J. (2020) Elaiosome- bearing plants from the Iberian Peninsula and the Balearic Islands. *Biodivers. Conserv*. https://doi.org/10.1007/s10531-021-02137-3.

Paliwal, G. S. (1969) Stomatal ontogeny and phylogeny. I. Monocotyledons. *Acta Bot. Neerl.* 18(5): 654-668.

Parry, D. W. & Smithson, F. (1964) Types of opaline silica depositions in the leaves of the British Isles. *Ann. Bot.* 28: 169-185.

Pathak, S., Kar, S. & Singh, P. (2013) Ligules as aid to Identification of Grasses. *Pleione* 7(1): 241-246.

Peart, M. H. (1979) Experiments on the biological significance of the morphology of seed-dispersal units in grasses. *J. Ecol.* 67: 843-863.

Peart, M. H. (1981) Further experiments on the biological significance of the morphology of seed- dispersal units in grasses. *J. Ecol.* 69: 425-436.

Peart, M. H. (1984) The effects of morphology, orientation and position of grass diaspores on seedling survival. *J. Ecol.* 72: 437-453.

Pée-Laby, M. E. (1898) Étude anatomique de la feuille des Graminées de la France. *Ann. Sci. Nat.* 8: 227-346.

Pellicer, J., Fay, M. F. & Leitch, I. J. (2010) The largest eukaryotic genome of them all? Bot. J. Linn. Soc. 164: 10–15.

Pellicer, J., Garcia, S., Canela, M. Á., Garnatje, T., Korobkov, A. A., Twibell, J. D. & Vallès, J. (2010) Genome size dynamics in *Artemisia* L. (Asteraceae): following the track of polyploidy. *Pl. Biol.* 12: 820-830.

Pemberton, R. W. (1982) The occurrence and abundance of plants with extrafloral nectaries, the basis for antiherbivore defensive mutualisms, along a latitudinal gradient in East Asia. *J. Biog.* 25: 661-668.

Pertierra, L. R., Aragón, P., Justine, D. S., Bergstrom, D. M., Terauds, A. & Olalla-Tárrega, M. A. (2017) Global thermal niche models of two European grasses show high invasion risks in Antarctica. *Global Change Biol.* 23: 2863-2873.

Petersen, G., Seberg, O., Yde, M., Berthelsen, K. (2006) Phylogenetic relationships of *Triticum* and *Aegilops* and evidence for the origin of the A, B, and D genomes of common wheat (*Triticum aestivum*). *Mol. Phylogenet. Evol.* 39: 70-82.

Peterson, P. M., Soreng, R. J., Davidse, G., Filgueiras, T. S., Zuloaga, F. O. & Judziewicz, E. J. (2001) Catalogue of New World grasses (Poaceae): II. subfamily Chloridoideae. *Contr. U.S. Natl. Herb.* 41: 1-255.

Peterson, P. M., Sylvester, S. P., Romaschenko, K., Soreng, R. J., Barberá, P., Quintanar, A. & Aedo, C. (2020) A phylogeny of species near *Agrostis* supporting the recognition of two new genera, *Agrostula* and *Alpagrostis* (Poaceae, Pooideae, Agrostidinae) from Europe. *PhytoKeys* 157: 57-82.

Philipson, W. R. (1935) The development and morphology of the ligules in Grasses. *New Phytol.* 34 (4): 310-325.

Pijl, L. van der (1982) *Principles of Dispersal in Higher Plants*. Springer-Verlag. Berli, Heildelberg, New York.

Ponomarev, A. N. & Rusakova, M. B. (1968) The daily rhythm of pollination and its role in the speciation in grasses. *Bot. Zhurn. S.S.S.R.* 53: 1371-1383.

Prasad, V., Strömberg, C. A. E., Alimohammadian, H. & Sahni, A. (2005) Dinosaur Coprolites and the Early Evolution of Grasses and Grazers. *Science* 310: 1177-1180.

Prasad, V., Strömberg, C. A. E., Leaché, A. D., Samant, B., Patnaik, R., Tang, L., Mohabey, D. M., Ge, S., Sahni, A. (2011). Late Cretaceous origin of the rice tribe provides evidence for early diversification in Poaceae. *Nat. Comm.* 2: 480.

Prat, H. (1936) La systématique des Graminées. *Ann. Sci. Nat.* 10(18): 165-258.

Prat, H. (1960) Vers une classification naturelle des Graminées. *Bull. Soc. Bot. France* 107: 32-79.

Prat, H. & Vignal, C. (1968) Utilisation des particularités de l'épiderme pour lídentification et la recherche des affinités des Graminées. *Bol. Soc. Argent. Bot.* 12: 155-166.

Preece, C., Livarda, A., Christi, P. A., Wallace, M., Martin, G., Charles, M., Jones, G., Rees, M. & Osborne, C. P. (2017) How did the domestication of Fertile Crescent grain crops increase their yields?. *Funct. Ecol.* 31: 387-397.

Price, H. J., Dillon, S.L., Hodnett, G., Rooney, W. L., Ross, L. & Johnston, S. (2005) Genome Evolution in the Genus *Sorghum* (Poaceae). *Ann. Bot.* 95: 219-227.

Ragonese, A. E. & Marcó, P. R. (1943) Influencia del fotoperíodo sobre la formación de flores cleistógamas y chasmógamas en cebadilla criolla. *Rev. Arg. Agr.* 10(2): 178-185.

Raybould, A. F., Gray, J., Lawrence, M. J. & Marshall, D. F. (1991a) The evolution of *Spartina anglica* C. E. Hubbard (Gramineae): origin and genetic variability. *Biol. J.. Linn. Soc.* 43 (2): 111-126.

Raybould, A. F., Gray, J., Lawrence, M. J. & Marshall, D. F. (1991b) The evolution of *Spartina anglica* C. E. Hubbard (Gramineae): genetic variation. *Biol. Journ. Linn. Soc.* 44 (4): 369-380.

Redman, R. E. (1985) Adaptation of grasses to water stress-leaf rolling and stomate distribution. *Ann. Missouri Bot. Gard.* 72(4): 833-842.

Reeder, J. R. (1957) The embryo in grass systematics. *Amer. J. Bot.* 44: 756-768.

Reeder, J. R. (1977) The "Germination Flap" in Certain Gramineae. *Madroño* 24(2): 123-124.

Regal, P. J. (1982) Pollination by wind and animals: Ecology of Geografic Patterns. *Ann Rev. Ecol. Syst.* 13:497-524.

Renvoize, S. A. (1982a) A survey of the leaf-blade anatomy in grasses. I. Andropogoneae. *Kew Bull.* 37(2): 315-321.

Renvoize, S. A. (1982b) A survey of the leaf-blade anatomy in grasses. II. Arundinelleae. *Kew Bull.* 37(3): 489-495.

Renvoize, S. A. (1983a) A survey of the leaf-blade anatomy in grasses. III. Garnotieae. *Kew Bull.* 37(3): 497-500.

Renvoize, S. A. (1983b) A survey of the leaf-blade anatomy in grasses. IV. Eragrostideae. *Kew Bull.* 37(4): 469-478.

Renvoize, S. A. (1985a) A survey of the leaf-blade anatomy in grasses. V. The bamboo allies. *Kew Bull.* 40(3): 509-535.

Renvoize, S. A. (1985b) A survey of the leaf-blade anatomy in grasses. VI. Stipeae. *Kew Bull.* 40(4): 731-736.

Renvoize, S. A. (1986a) A survey of the leaf-blade anatomy in grasses. VII. Pommereulleae, Orcuttieae & Pappophoreae. *Kew Bull.* 40(4): 737-744.

Renvoize, S. A. (1986b) A survey of the leaf-blade anatomy in grasses. VIII. Arundinoideae. *Kew Bull.* 41(2): 323-338.

Renvoize, S. A. (1986c) A survey of the leaf-blade anatomy in grasses. IX. Centothecoideae. *Kew Bull.* 41(2): 339-342.

Renvoize, S. A. (1987a) A survey of the leaf-blade anatomy in grasses. X. Bambuseae. *Kew Bull.* 42(1): 201-207.

Renvoize, S. A. (1987b) A survey of the leaf-blade anatomy in grasses. XI. Paniceae. *Kew Bull.* 42(3): 739-768.

Retallack, G. J., Dugas, D. P. & Bestland., E. A. (1990) Fossil Soils and Grasses of a Middle Miocene East African Grassland. *Science* 247: 1325-1328.

Romero-Zarco, C. (2010) *Helictochloa* Romero Zarco, a new genus of oat grass. *Candollea* 66(1): 87-103.

Romero-Zarco, C. (2015) *Las gramíneas de la Península Ibérica e Islas Baleares. Claves ilustradas para la determinación de los géneros y catálogo preliminar de las especies*. Monografías de Botánica Ibérica, 15. 170 pp. Jolube Consultor Botánico y Editor. Jaca.

Romero Zarco, C. (2020) *Helictochloa* Romero Zarco. *In*: Devesa, J. A., C. Romero-Zarco, A. Buira, A. Quintanar & C. Aedo (Eds.) *Flora iberica. Plantas vasculares de la Península Ibérica e Islas Baleares. Gramineae (partim)* XIX: 515-546.

Romero-Zarco, C., Rico, E., Crespo, M. B., Devesa, J. A., Buira, A. & Aedo, C. (Eds., 2021) *Flora iberica. Plantas vasculares de la Península Ibérica e Islas Baleares. Gramineae (partim),* XIX (2): 739-1496. CSIC. Madrid.

Rosengurtt, B. & Arrillaga, B. R. (1961) Flores cleistógamas en gramíneas uruguayas. *Bol. Fac. Agron. Montevideo* 57: 1-12.

Rosengurtt, B., Laguardia, A. & Arrillaga, B. R. (1971) El endosperma central lípido en la sistemática de las Gramíneas. *Adansonia* ser. 2, 11(2): 383-391.

Rost, T. L. & Simper, A. D. (1975) The germination lid: a characteristic of the lemma in the Paniceae. *Madroño* 23: 68-72.

Rowlee, W. W. (1898) The morphological significance of the lodicules of grasses. *Bot. Gaz.* 25: 199-203.

Ruiz, T., Devesa, J. A. & López, J. (1998) Anatomical plasticity in species of *Deschampsia* P. Beauv. (*Poaceae*) in SW Europe (Iberian Peninsula). *Bull. Soc. Bot. France* 145(4): 281-305.

Sachs, R. M. (1972) Inflorescence induction and initiation. *In*: Youngner, V. B. & McKell, C. M. (Eds.) *The Biology and Utilization of Grasses*: 348-364. Academic Press. New York, London, Toronto, Sydmey, San Francisco.

Sánchez Gómez, P. M., Carrión Vilches, A., Hernández, A., Carrillo, A. F. & Navarro, T. (2001) Sobre la presencia de *Enneapogon persicus* en el Mediterráneo occidental. *Anales de Biología* 23: 133-136.

Sattler, M.C., Carvalho, C.R. & Clarindo, W.R. (2016) The polyploidy and its key role in plant breeding. *Planta* 243(2): 281-296.

Scholz, H. (1975) Grassland evolution in Europe. *Taxon* 24(1): 81-90.

Schöning, C., Espadaler, X., Hensen, I. & Roces, F. (2004) Seed predation of the tussock-grass *Stipa tenacissima* L. by ants (*Messor* spp.) in south-eastern Spain: the adaptive value of trypanocarpy. *J. Arid Env.* 56: 43-61.

Schrager-Lavelle, A., Klein, H., Fishrer, Barlett, A. & M. (2017) Grass flowers: An untapped resource for floral evo-devo. *J. Syst. Evol.* 55(6): 525-541.

Scrivanti, L. R., Bernardello, G. & Anton, A. M. (2008) The foveola of *Bothriochloa alta* (Poaceae: Andropogoneae): Extrafloral nectary or secretory gland of essential oils? *Flora* 203: 55-59.

Sekine, Y. (1959) Ligule patterns of the Poaceae. *J. Jap. Bot.* 34(5): 129-134.

Sendulsky, T., Filgueiras, T. S. & Burman, A. G. (1987). Fruits, embryos and seedlings. *In*: Soderstrom, T. R., Hilu, K. W., Campbell, C. S. & Barkworth, M. E. (eds.) *Grass systematics and evolution*: 31-36. Washington. DC: Smithsonian Institution Press.

Shields, L. M. (1951) The involution mechanism in leaves of certain xeric grasses. *Phytomorphology* 1: 225-241.

Simpson, G. M. (1990) *Seed dormancy in grasses*. Cambridge University Press. Cambridge.

Skarpe, C. (1991) Impact of Grazing in Savanna Ecosystems. *Ambio* 20(8): 351-356.

Skelding, A. D. & Winterbotham, J. (1939) The estructure and development of the hydatodes of *Spartina townsendii* Groves. *New Phytol.* 38: 69-79.

Šmarda, P. & Bureš, P. (2010) Understanding intraspecific variation in genome size in plants. *Preslia* 82: 41-61.

Šmarda, P., Bureš, P., Horová, L., Foggi, B. & Rossi, G. (2008) Genome Size and GC Content Evolution of *Festuca*: Ancestral Expansion and Subsequent Reduction. *Ann. Bot.* 101: 421–433

Smith Jr., J. P. (2005) Agrostology; An Introduction to the Systematics of Grasses. *Botanical Studies*. 10 (http://digitalcommons.humboldt.edu/botany_jps/10

Soderstrom, T. R. & Calderón, C. E. (1971) Insect Pollination ín Tropical Rain Forest Grasses. *Biotropica* 3(1): 1-16.

Soderstrom, T. R. & Ellis, R. (1987) The position of bamboo genera and allies in a system of grass classification. *In*: Soderstrom, T. R., K. W. Hilu, C. S. Campbell & M. E. Barkworth (eds.) *Grass systematics and evolution*, 225-238. Smithsonian Institution Press. Washington DC.

Soltis, D., Soltis, P., Endress, P., Chase, M., Manchester, S., Judd, W., Majure, L. & Mavrodiev, E. (2018) *Phylogeny and Evolution of the Angiosperms*. Revised and Updated Edition. The University of Chicago Press. Chicago and London.

Soltis, P. S. & Soltis, D. E. (2000) The role of genetic and genomic attributes in the success of polyploids. *Proc. Natl. Acad. Sci. U.S.A.* 97: 7051-7057.

Somaru, R., Yougasphree, N. & Gonasagera, N. (2000) Morphology and ultra-structure of the leaf salt glands of *Odyssea paucinervis* (Stapf) (Poaceae). *Flora* 197: 67-75.

Soreng, R. J. & Davis, J. I. (2000) Phylogenetic structure in Poaceae subfamily Pooideae as inferred from molecular and morphological characters: misclassification versus reticulation. *In*: Jacobs, S. W. L. & Everett, J. (eds.) *Grasses: systematics and evolution*. 61-74. CSIRO, Collingwood, Victoria, Australia.

Soreng, R. J., Peterson, P. M., Davidse, G., Judziewicz, E. J., Zuloaga, F. O., Filgueiras, T. S. & Morrone, O. (2003) Catalogue of New World grasses (Poaceae): IV. subfamily Pooideae. *Contr. U.S. Natl. Herb.* 48: 1-730.

Soreng, R. J., Peterson, P. M., Romaschenko, K., Davidse, G., Teisher, J. K., Clark, L. G., Barberá, P., Gillespie, L. J. & Zuloaga, F. O. (2017) A worldwide phylogenetic classification of the Poaceae (Gramineae) II: an update and a comparison of two 2015 classification. *J. Syst. Evol.* 55: 259-290.

Soreng, R. J., Peterson, P. M., Romaschenko, K., Davidse, G., Zuloaga, F. O., Judziewicz, E. J., Filgueiras, T. S., Davis, J. I. & Morrone, O. (2015) A worldwide phylogenetic classification of the Poaceae (Gramineae). *J. Syst. Evol.* 53: 117-137.

Stapf, O. (1904) On the fruit of *Melocanna bambusoides* Trin., an endospermless viviparous genus of Bambuseae. *Trans. Linn. Soc. London* 6: 401-425.

Stebbins, G. L. (1950) *Variation and Evolution in Plants*. Columbia Univ. Press, New York.

Stebbins, G. L. (1956) Cytogenetics and Evolution of the Grass Family. *Amer. J. Bot.* 43: 890-905.

Stebbins, G. L. (1971) *Chromosomal Evolution in Higher Plants*. Edward Arnols (Publishers) Ltd. London.

Stebbins, G. L. (1972) The Evolution of the Grass Family. *In*: Youngner, V. B. & McKe.', C. M. (Eds.) *The Biology and Utilization of Grasses*: 1-17. Academic Press. New York, London, Toronto, Sydney, San Francisco.

Stebbins, G. L. (1981) Coevolution of grasses and herbivores. *Ann. Missouri Bot. Gard.* 68: 75-86.

Stebbins, G. L. (1985) Polyploidy, Hybridization and the Invasion of New Habitats. *Ann. Missouri Bot. Gard.* 72: 824-832.

Stebbins, G. L. & Khush, G. S. (1961) Variation in the organization of the stomatal complex in the leaf epidermis of monocotyledons and its bearing on their phylogeny. *Amer. J. Bot.* 48(1): 51-59.

Strömberg, C. A. E. (2005) Decoupled taxonomic radiation and ecological expansion of open-habitat grasses in the Cenozoic of North America. *Proc. Natl. Acad. Sci. U.S.A.* 102: 11980-11984.

Strömberg C. A. E. (2011) Evolution of grasses and grassland ecosystems. *Annual Review of Earth and Planetary Sciences* 39: 517-544

Takhtajan, A. (2009) *Flowering Plants*, 2ª ed. Springer. St. Petersburg.

Taleisnik, E. L. & Anton, A. M. (1988). Salt glands in *Pappophorum* (Poaceae). *Ann. Bot.* 62: 383–388.

Tateoka, T. (1960) Cytology in grass systematics: a critical review. *The Nucleus* 3(1): 81-110.

Tateoka, T. (1962) Starch Graíns of Endosperm in Grass Systematics. *Bot. Mag. Tokyo* 75: 377-383.

Tateoka, T., Inoue, S. & Kawano, S. (1959) Notes on some grasses. IX. Systematic significance of bicelular microhairs of leaf epidermis. *Bot. Gaz.* 212: 80-91.

Taylor, T. N., Taylor, E. L. & Krings, M. (2009) *Paleobotany. The Biology and Evolution of Fossil Plants*, 2ª ed. Academic Press. Elsevier. Amsterdam.

Thomasson, J. R. (1978) Epidermal patterns of the lemma in some fossil and living grasses and their phylogenetic significance. *Science* 199: 975-977.

Thomasson, J. R. (1985) Miocene fossil grasses: Possible adaptation in reproductive bracts (lemma and palea). *Ann. Missouri Bot. Gard.* 72: 843-851.

Thomasson, J. R. (1987) Fossil grasses: 1820-1986 and beyond. *In*: Soderstrom, T. R., Hilu, K. W., Campbell, C. S. & Barkworth, M. E. (eds.) *Grass systematics and evolution*: 159-167. Washington. DC. Smithsonian Institution Press.

Tormo, R. & J.A. Devesa (1992) Palinología. *In*: J. A. Devesa (ed.) Anatomía foliar y palinología de las gramíneas extremeñas: 274-279. Servicio de Publicaciones-UNEX. Serie monografía botánicas. Universidad de Extremadura. Badajoz.

Tran Thi Tuyet-Hoa (1963) Les “oreillettes” des Graminées. *Bull. Soc. Bot. France* 119: 441-462.

Triquell, A. A. (1987) Grass gametophytes: their origin, structure, and relation with the sporophyte. *In*: Soderstrom, T. R., Hilu, K. W., Campbell, C. S. & Barkworth, M. E. (eds.) *Grass systematics and evolution*: 11-20. Washington. DC. Smithsonian Institution Press.

Tzvelev, N. N. (1972) Genus *Festuca* L. in URSS. *Novosti Sist. Vyssh. Rast.* 9: 15-46.

Tzvelev, N. N. (1976) *Zlaki SSSR,* Nauka Publishers, Leningrad, Rusia. Traducción al inglés: 1983. *Grasses of the Soviet Union*, Oxonian Press, New Delhi, India, 1196 pp.

Tzvelev, N. N. (1989) The system of grasses (Poaceae) and their evolution. *Bot. Rev*. 55(3): 141-204.

Vaughan, D. A. (1989) *The genus Oryza L. Current status of taxonomy*. The International Rice Research Institute, nº 138. Manila.

Vega, A. S., Castro, M. A. & Zuloaga, F. A. (2008) Anatomy and histochemical localization of lipid secretions in brazilian species of Panicum sect. Lorea (Poaceae, Panicoideae, Paniceae). *Ann. Missouri Bot. Gard.* 95: 511-519.

Vegetti, A. & Anton, A. M. (1995) Some evolution trends in the inflorescence of Poaceae. *Flora* 190: 225-228.

Vicentini, A., Barber, J. C., Aliscioni, S. S., Giussani, L. M. & Kellogg, E. A. (2008) The age of the grasses and clusters of origins of C4 photosynthesis. *Glob. Change Biol.* 14: 2963-2977.

Vickery, J. W. (1935) The leaf anatomy and vegetative characters of the indigenous grasses of New South Wales. *Proc. Linn. Soc. New S. Wales* 60: 340-353.

Vilhar, B., Vidic, T., Jogan, N. & Dermastia, M. (2002) Genome size in the nucleolar number as estimators of ploidy level in *Dactylis glomerata* in the Slovenian plants. *Pl. Syst. Evol.* 234: 1-13.

Wang, S. (2017) Bamboo sheath–A modified branch based on the anatomical observations. *Sci. Rep*. doi: 10.1038/s41598-017-16470-7.

Watson, L. (1990) The grass family, Poaceae. *In*: Chapman, G. P. (ed.) *Reproductive Versatility in the Grasses*, 1-31. Cambridge University Press. Cambridge.

Watson, L. & Dallwitz, M. J. (1992) *The grass genera of the world*. C A B International. Wallingford.

Watson, L. & Johnston, C. R. (1978) Taxonomic Variation in Stomatal Insertion amog Grass Leaves. *Aust. J. Bot*. 26: 235-238.

Weatherwax, P. (1928) Cleistogamy in two species of *Danthonia*. *Bot. Gaz.* 85: 104-109.

Whipple, C. J., Zanis, M. J., Kellogg, E. A. & Schmidt, R. J. (2007) Conservation of B class gene expression in the second whorl of a basal grass and outgroups links the origin of lodicules and petals. *Proc. Natl. Acad. Sci. U.S.A.* 104: 1081-1086.

Whitehead, D. R. (1983) Wind Pollination: Some Ecological and Evolutionary Perspective. *In*: Real, L. (Ed.) *Pollination Biology*, cap. 5: 97-108. Academic Press. London.

Willis, K. J. & McElwain, J. C. (2014) *The Evolution of Plants*, ed. 2. Oxford University Press. Oxford.

Winchell, F., Stevens, C. J., Murphy, Ch., Champion, L. & Fuller, D. Q. (2017) Evidence for *Sorghum* Domestication in Fourth Millennium BC Eastern Sudan: Spikelet Morphology from Ceramic Impressions of the Butana Group. *Curr. Anthropol.* 58(5): 673-683.

Wodehouse, R. P. (1935) *Pollen grains*. McGraw-Hill Book Company, Inc.. New York. and London. https://archive.org/details/in.ernet.dli.2015.29841/page/n3/mode/2up

Xu, Y., Liu, M., Li, C., Sun, F., Lu, P., Meng, F., Zhao, X., He, M., Wang, F., Zhu, X., Zhao, X. & Zhou, H. (2019) Domestication and Spread of Broomcorn Millet (*Panicum miliaceum* L.) Revealed by Phylogeography of Cultivated and Weedy Populations. *Agronomy* 9, 835; doi:10.3390/agronomy9120835.

Zohary, D. & Hopf, M. (1993) *Domestication of Plants in the Old World*, ed. 2. Clarendon Press. Oxford.

Zuloaga, F. O., Morrone, O., Davidse, G., Filgueiras, T. S., Peterson, P. M., Soreng, R. J. & Judziewicz, E. J. (2003) Catalogue of New World grasses (Poaceae): III. subfamilies Panicoideae, Aristidoideae, Arundinoideae, and Danthonioideae. *Contr. U.S. Natl. Herb.* 46: 1-662.

RECURSOS DE INTERNET

APG IV. Angiosperm Phylogeny Website, version 14:
http://www.mobot.org/MOBOT/research/APweb/

Bamboo-identification:
http://bamboo-identification.co.uk/html/leaves.html

Flora iberica
http://www.floraiberica.es/

GrassBase - The Online World Grass Flora:
http://www.kew.org/data/grasses-db.html

GrassWorld:
http://grassworld.myspecies.info/en/content

Index Nominum Genericorum (ING)
https://naturalhistory2.si.edu/botany/ing/

Index to Plant Chromosome Numbers (IPCN)
http://legacy.tropicos.org/Project/IPCN

International Plant Name Index (IPNI)
https://www.ipni.org/

The Euro+Med PlantBase - the information resource for Euro-Mediterranean plant diversity
https://www.emplantbase.org/home.html

The Plant List
http://www.theplantlist.org/

Tropicos
https://www.tropicos.org/home

World Checklist of Selected Plant Families (WCSP)
https://wcsp.science.kew.org/